なるほど解析力学

村上 雅人 著

なるほど解析力学

海鳴社

はじめに

大学で習う理工系の科目で、何が最も難解かと問われれば、解析力学 (analytical mechanics) と答える方が多いのではないだろうか。一般力学であれば、ニュートンの運動方程式 (Newton's equation of motion) で多くの問題を解法できる。それも、力のつりあいに基礎を置いているので、直感でもわかりやすい。わざわざ、解析力学という別形式の物理を習う意味がないのではないか。これが、多くの初学者が感じる率直な疑問であろう。

しかも、解析力学では、最小作用の原理 (principle of most least action) をもとに解析を進めていくが、このとき、物体の運動は、作用（積分）を最小化する経路を選ぶとされる。しかし、どうやって、物体は、その経路が作用を最小とするとわかるのであろうか。そもそも、この作用(action)の正体が判然としないのである。

さらに、作用積分の被積分関数として、ラグランジアン (Lagrangian) が登場するが、その説明も天下り的である。なかには、ラグランジアンに物理的意味を問うてはならないという解説書まである。その背景には、解析力学が神の叡智によって誕生したという考えがあるからである。

解析力学には「正準」という用語が出てくるが、これは英語の "canonical" の和訳であり、もともとの意味は「正式な聖典に基づく」というものであり、神の与えたもうた自然の法則を意味している。

そうはいいながら、ラグランジアン(L)そのものは運動エネルギー(T)から位置エネルギー(U)を引いたもの($L=T-U$)となっていて、それを求めること自体は実に簡単である。そして、いわれるままに、変分法 (calculus of variations ; variational method) を駆使して計算を進めると、不思議なことに、最小作用の原理によっても、ニュートンの運動方程式でえた解と、まったく同じものがえられるのである。

しかも、力学問題によっては運動方程式を使った場合よりも、はるかに簡単に解ける場合もある。このあたりで、解析力学もまんざら捨てたものではないなと思っていると、いきなり、同じ解を与えるラグランジアンは無数にあるという説明に出会う。

実は、変分法では、関数の停留値 (stationary value) と境界条件 (boundary conditions) に影響を与えない任意関数を加えても、結果は変わらないということなのである。しかし、その説明がないと、作用とはいったい何なのかという迷路にはまってしまう。

そうこうしているうちに、解析力学の主役として、ハミルトニアン (Hamiltonian)が、登場する。それも、ラグランジアンで解ける問題を、なぜか、ハミルトニアン(H)を使って解法するという演習が続く。にもかかわらず、それに、どのような意義があるのかの説明がほとんどない。2 階微分が 1 階に変わるのが利点という主張もあるが、式が 2 個に増えるので、それは、本質ではないであろう。

さらに、ハミルトニアンが量子力学 (Quantum mechanics) の基礎となるという説明をされることもあり、あたかも、解析力学を通らないと、量子力学への道が開けないような印象を与えることもある。結論からいえば、解析力学を修得しなくとも、量子力学をマスターすることは可能なのである。その表記に解析力学の形式が登場するが、量子力学を学ぶときに、その意味を理解すれば、まったく問題はないのである。

以上は、学生時代の自分の経験や考えを振り返った言辞となっているが、それでは、解析力学など学習しなくともよいのであろうか。ひとによっては、はっきり必要ないという結論を出すかもしれない。

大学を卒業して、大学院博士課程まで進み、その後、企業や大学で研究をし、多くの国の研究者と交流した今の自分がいえることは、「解析力学はとても有用である」ということである。この有用というのは、何かの実学にすぐに役立つという意味ではない。自分の視野を広くするという意味で有用であるといっているのである。

研究などで壁にぶつかったときには、発想の転換が必要となる場合がある。解析力学は、常識と思っていたことに、別の角度から光をあて、こんなアプローチもあるのだということに気づかせてくれる学問なのである。

そのような意味で、とても有用な学問なのである。

ファインマン (Richard Feynman) は、解析力学におおいに興味をそそられたという。それは、この学問がニュートン力学とは異なる手法を使っていながら、まったく同じ解を与えるからである。彼は、その不可思議さに魅せられ、最小作用の原理をもとに、量子力学に経路積分 (path integral) という独自の解析手法を導入したのである。まさに、解析力学によって新たな道を切り拓いたのである。

ただし、解析力学を難解と感じているひとが多いのも事実である。そこで、本書では、ラグランジアンやハミルトニアンなどに、どのような物理的意味があるのかを、独自の視点で解説している。

簡単にいえば、ラグランジアンは、「すべての現象は急激な変化を嫌う」という自然界の法則に根ざしているということである。例えば、位置エネルギーだけに着目すれば、高い所にある物体は不安定であり、低所に落ちてくる。山肌を石が転げ落ちるのはこのためである。ところで、位置エネルギーという観点では、物体は瞬時に移動したほうが得をするように思えるが、どうであろうか。実際には、そうならない。これは、瞬間移動では運動エネルギーの急激な上昇を招くからである。その結果、これらふたつのエネルギー差($T-U$)が大きくならないように物体は移動すると考えられるのである。これが最小作用の原理である。

つぎに、ハミルトニアン(H)とはなんであろうか。実は、H は系の全エネルギー($H=T+U$)に対応する。そして、H には、運動エネルギー(T)と位置エネルギー(U)に関する情報がつまっているのである。ここで、偏微分という手法を使うと、運動量(p)や位置(q)に関する情報を取り出すことができる。これがハミルトニアンの意味であり、情報を取り出す操作が正準方程式 (canonical equations) となる。

以上のことを踏まえていれば、解析力学の見通しは、かなりよくなるのではないだろうか。

本書を通して、解析力学が難解で無用なものではなく、人類の所産であり、ものごとを見つめるときに、別の角度から光をあてると、異なった風景が見えることに気づかせてくれる学問なのだということを少しでも感じていただければ、著者として幸甚である。

最後に、芝浦工業大学の小林忍さんと石神井西中学校の鈴木正人さんには、ていねいに原稿に目を通していただいた。ここに謝意を表する。

2016年　4月　著者

もくじ

第1章　変分法とオイラー方程式

1. 1.　関数の極値と導関数

関数$y=f(x)$の**停留値** (stationary values) である極大値 (local maximum)、極小値 (local minimum)、あるいは変曲点 (inflection point) を求めたい場合、この関数の導関数$f'(x)$を求め、$f'(x)=0$となる条件から、x の値を求めればよい。

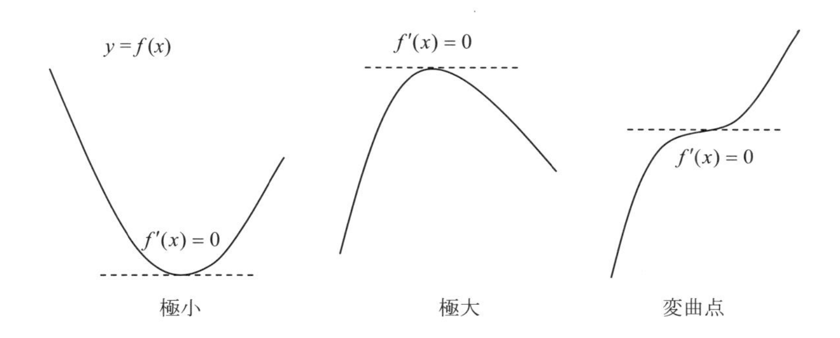

図 1-1　関数と停留値の関係

例えば

$$y=f(x)=-x^2+2x-1$$

という関数を考える。

　すると

$$\frac{dy}{dx}=f'(x)=-2x+2=2(1-x)$$

となり、$f'(x)=0$を満足するのは$x=1$となるが、実際に、この関数は$x=1$で

最大値 $f(1)=0$ をとる。

演習 1-1　関数 $f(x)=xe^{-x}$ の極値を求めよ。

解）　導関数を求めると

$$f'(x)=(x)'e^{-x}+x(e^{-x})'=e^{-x}-xe^{-x}=(1-x)e^{-x}$$

となる。

$e^{-x}\neq 0$ であるので、$f'(x)=0$ を与える点は $x=1$ となる。

さらに、$x<1$ で $f'(x)>0$、$x>1$ で $f'(x)<0$ であるので、$x=1$ で $f(x)$ は極大となり、その値は

$$f(1)=e^{-1}=\frac{1}{e}$$

となる。

これは、**微積分** (calculus) の応用のひとつであり、いろいろな理工学分野において頻繁に使われる手法である。この考えを**関数** (function) の関数である**汎関数** (functional) に応用したものが**変分法** (calculus of variation)である。

1.2.　汎関数と変分

xy 平面において、原点(0, 0)と点A(1, 1)を結ぶ経路で、もっとも距離が短いものを求める問題を考えてみよう。もちろん、答えは直線となるが、それを未知の曲線とし $y=f(x)$ と置いてみる。そして、$f(x)$ を変化させたときに、この距離がどう変化するかを調べたうえで、極値を与える関数を求めるのである。

ここで、線の長さ ℓ は、経路の微小素片（線素）を ds と置くと

$$\ell=\int ds$$

という積分で与えられる。

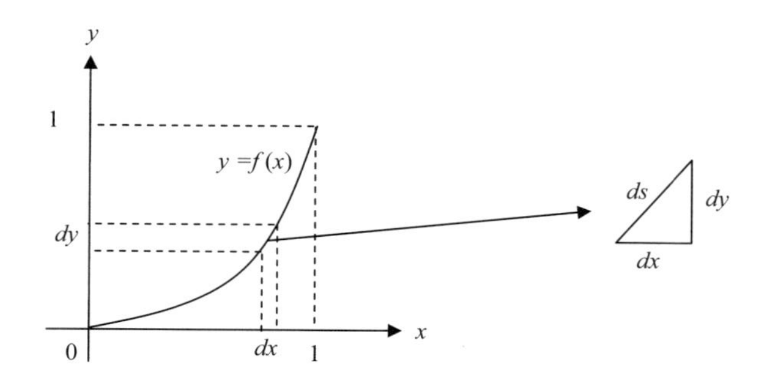

図 1-2　原点から点(1, 1)までの経路の微小素片 ds

演習 1-2　経路の微小素片 ds を、dx、 $y' = dy/dx$ を用いて表せ。

解）　図 1-2 を参照すると

$$ds^2 = dx^2 + dy^2$$

となる。したがって

$$ds = \sqrt{dx^2 + dy^2} = dx\sqrt{1 + \left(\frac{dy}{dx}\right)^2} = dx\sqrt{1 + y'^2}$$

と与えられる。

よって、経路長は

$$\ell = \int ds = \int \sqrt{1 + y'^2}\, dx$$

という積分となる。

いまの問題では、積分範囲は $0 \leq x \leq 1$ となるので、経路長は、結局

$$\ell = \int_0^1 \sqrt{1 + y'^2}\, dx$$

という定積分によって与えられる。

これは、経路のかたち、つまり、$y = f(x)$ によって線分の長さが変わることを示しており、いわば経路長 ℓ は、関数 y の関数 (function) となる。この

ような、関数の関数のことを**汎関数** (functional) と呼んでいる。汎関数は、合成関数とは異なり、変数としての値を持つ。上の定積分の場合、$y = f(x)$ の形が決まれば、ℓ の長さが決まる。

ここで、$y'^2 \geq 0$ であるから、単純に考えれば ℓ の最小値を与えるのは $y' = 0$ のときである。しかし、それでは、重要な条件を忘れている。それは、$y = f(x)$ が原点(0, 0)と点 A(1, 1)を通るという境界条件である。$y' = 0$ の曲線では、この条件を満足できない。

それでは、どうすればよいであろうか。まず、直接的なアプローチとして、これら点を通る曲線を考えて、実際に経路長を計算し、それが最も短いものを求めるという方法が考えられる。

ここで、点(0, 0)と(1, 1)を通る曲線群としては

$$y = x^m$$

が考えられる。

ただし、m は任意の実数である。ここでは

$$y = x^{\frac{1}{2}} = \sqrt{x} \qquad y = x \qquad y = x^{\frac{3}{2}} = x\sqrt{x} \qquad y = x^2$$

という関数について計算してみよう。もちろん、最短距離を与えるのは、$y = x$ であることは自明であるが、ここは、演習のつもりで積分値を計算していく。それぞれの y' は

$$y' = \frac{1}{2}x^{-\frac{1}{2}} = \frac{1}{2\sqrt{x}} \qquad y' = 1 \qquad y' = \frac{3}{2}x^{\frac{1}{2}} = \frac{3}{2}\sqrt{x} \qquad y' = 2x$$

となる。

演習 1-3　曲線 $y = x^2$ の点(0, 0)と(1, 1)間の線長を求めよ。

解)　この線長を与える積分は

$$\ell = \int_0^1 \sqrt{1 + y'^2}\, dx = \int_0^1 \sqrt{1 + 4x^2}\, dx$$

となる。

ここでは、つぎの積分公式を思い出そう[1]。

$$\int\sqrt{a^2+x^2}\,dx=\frac{1}{2}\{x\sqrt{a^2+x^2}+a^2\ln(x+\sqrt{a^2+x^2})\}$$

すると

$$\ell=\int_0^1\sqrt{1+4x^2}\,dx=2\int_0^1\sqrt{\left(\frac{1}{2}\right)^2+x^2}\,dx=\left[x\sqrt{\frac{1}{4}+x^2}+\frac{1}{4}\ln\left(x+\sqrt{\frac{1}{4}+x^2}\right)\right]_0^1$$

$$=\sqrt{\frac{5}{4}}+\frac{1}{4}\ln\left(1+\sqrt{\frac{5}{4}}\right)-\frac{1}{4}\ln\sqrt{\frac{1}{4}}=\frac{\sqrt{5}}{2}+\frac{1}{4}\ln\left(2+\sqrt{5}\right)\cong 1.48$$

となる。

つぎに、 $y=x^{\frac{3}{2}}=x\sqrt{x}$ の線長を求めてみよう。

$$\ell=\int_0^1\sqrt{1+y'^2}\,dx=\int_0^1\sqrt{1+\left(\frac{3}{2}\sqrt{x}\right)^2}\,dx=\int_0^1\sqrt{1+\frac{9}{4}x}\,dx=\frac{4}{9}\cdot\frac{2}{3}\left[\left(1+\frac{9}{4}x\right)^{\frac{3}{2}}\right]_0^1$$

$$=\frac{8}{27}\left\{\sqrt{\left(\frac{13}{4}\right)^3}-1\right\}\cong 1.44$$

となる。もちろん、$y=x$ の線長は $\sqrt{2}=1.41421356...$ である。

演習 1-4　曲線 $y=x^{\frac{1}{2}}=\sqrt{x}$ の点(0,0)と(1,1)間の線長を求めよ。

解）　この線長は

$$\ell=\int_0^1\sqrt{1+y'^2}\,dx=\int_0^1\sqrt{1+\left(\frac{1}{2\sqrt{x}}\right)^2}\,dx=\int_0^1\sqrt{1+\frac{1}{4x}}\,dx=\int_0^1\sqrt{\frac{4x+1}{4x}}\,dx$$

---

[1] ln は、ネイピア数(e)を底とする自然対数、natural logarithm の n と l をとったものである。

という定積分となる。

ここで有理化するために

$$u=\sqrt{\frac{4x+1}{4x}}$$

と置く。

ところが、このままでは$x=0$のとき$u\to\infty$となるので

$$t=\frac{1}{u}=\sqrt{\frac{4x}{4x+1}}$$

とする。こうすれば、$x=0$に$t=0$が、$x=1$に$t=\sqrt{\frac{4}{5}}$が対応する。すると

$$t^2=\frac{4x}{4x+1}$$

となり

$4xt^2+t^2=4x$　から　$4x(t^2-1)=-t^2$となり

$$4x=-\frac{t^2}{t^2-1}=-1-\frac{1}{t^2-1}$$

という関係がえられる。

これから

$$4dx=\frac{2t}{(t^2-1)^2}dt \qquad dx=\frac{t}{2(t^2-1)^2}dt$$

となる。したがって

$$\int_0^1\sqrt{\frac{4x+1}{4x}}dx=\int_0^{\sqrt{4/5}}\frac{1}{t}\frac{t}{2(t^2-1)^2}dt=\frac{1}{2}\int_0^{\sqrt{4/5}}\frac{1}{(t^2-1)^2}dt$$

となる。

ここで

$$\frac{1}{(t^2-1)^2}=\frac{1}{(t-1)^2(t+1)^2}$$

であるから

$$\frac{1}{(t^2-1)^2}=\frac{a}{(t-1)^2}+\frac{b}{(t+1)^2}+\frac{c}{t-1}+\frac{d}{t+1}$$

と置いて、aからdまでの係数を求めると

$$a=\frac{1}{4},\quad b=\frac{1}{4},\quad c=-\frac{1}{4},\quad d=\frac{1}{4}$$

となり

$$\frac{1}{(t^2-1)^2}=\frac{1}{4}\left\{\frac{1}{(t-1)^2}+\frac{1}{(t+1)^2}-\frac{1}{t-1}+\frac{1}{t+1}\right\}$$

したがって

$$4\int_0^{\sqrt{4/5}}\frac{1}{(t^2-1)^2}dt=\int_0^{\sqrt{4/5}}\frac{1}{(t-1)^2}dt+\int_0^{\sqrt{4/5}}\frac{1}{(t+1)^2}dt-\int_0^{\sqrt{4/5}}\frac{1}{t-1}dt+\int_0^{\sqrt{4/5}}\frac{1}{t+1}dt$$

$$=\left[-\frac{1}{t-1}-\frac{1}{t+1}-\ln|t-1|+\ln|t+1|\right]_0^{\sqrt{4/5}}=\left[-\frac{2t}{t^2-1}+\ln\left|\frac{t+1}{t-1}\right|\right]_0^{\sqrt{4/5}}$$

$$=-\frac{2\sqrt{\frac{4}{5}}}{\frac{4}{5}-1}+\ln\left(\frac{\sqrt{\frac{4}{5}}+1}{1-\sqrt{\frac{4}{5}}}\right)=4\sqrt{5}+\ln 5\left(\frac{4}{5}+2\sqrt{\frac{4}{5}}+1\right)=4\sqrt{5}+\ln(4\sqrt{5}+9)$$

から

$$\int_0^{\sqrt{4/5}}\frac{1}{(t^2-1)^2}dt=\sqrt{5}+\frac{1}{4}\ln(4\sqrt{5}+9)$$

よって

$$\ell=\int_0^1\sqrt{\frac{4x+1}{4x}}dx=\frac{1}{2}\int_0^{\sqrt{4/5}}\frac{1}{(t^2-1)^2}dt=\frac{\sqrt{5}}{2}+\frac{1}{8}\ln(4\sqrt{5}+9)$$

となる。

ここで、$4\sqrt{5}+9=(2+\sqrt{5})^2$ であるから、結局

$$\ell=\int_0^1\sqrt{\frac{4x+1}{4x}}dx=\frac{\sqrt{5}}{2}+\frac{1}{8}\ln(4\sqrt{5}+9)=\frac{\sqrt{5}}{2}+\frac{1}{4}\ln(2+\sqrt{5})\cong 1.48$$

となる。

実は、$y=\sqrt{x}$ の線長は、$y=x^2$ の線長とまったく同じである。これら関数が $y=x$ に関して対称であることから当然の結果である。

ここで、線長を比べると

$$l(y=x^{\frac{1}{2}}) > \ell(y=x) < l(y=x^{\frac{3}{2}}) < l(y=x^2)$$

という関係にあることがわかる。$y=x^m$ の m が 2 から 1 に近づくにしたがって、線長は減っていくが、1 より小さい 1/2 では逆に増えている。したがって、m =1 近傍に最小値があると推測できる。そして、地道に、x^m における m =1 近傍の関数を調べていけば、$y=x$ が最小の経路となることはわかる。

実際の問題を解く場合には、このような堅実な方法も重要であり、問題解法のヒントとなる場合もあるが、数学的手法としては、いささかスマートさに欠けることは否めない。ここで、開発されたのが、**変分** (variation) という考え方である。

もし、ある関数 y が、ℓ の最小を与えるとするならば、関数のかたちをわずかに変化させても

$$\delta\ell = 0$$

となるはずである。これは、関数が極値をとる場合と同じ考え方である。

ただし、関数の場合は**微分** (differential)となるが、いまの場合、変化させるのは数値ではなく、関数 y であるので変分と呼んでいるのである。最短経路問題の解法については、変分法の一般的解法を紹介したのちに取り組む。

1. 3.　最速降下曲線

変分法の問題として有名なものに、最速降下曲線問題 (brachistochrone problem) がある。この問題は、高度差のある 2 点間を質量 m[kg]の物体が重力 mg[N]によって降下するときに、もっとも短時間で移動できる曲線を求めるという問題である。1696 年にベルヌーイが懸賞問題として発表し、ニュートンが解答したことで知られている。ライプニッツ、ロピタルらも正解を出したといわれている。

図 1-3 のように座標を設定する。ある点 O(0, 0)から出発して、点 A(x_1, y_1)に到達する経路 s として、もっとも時間の短いものを求めるという問題である。

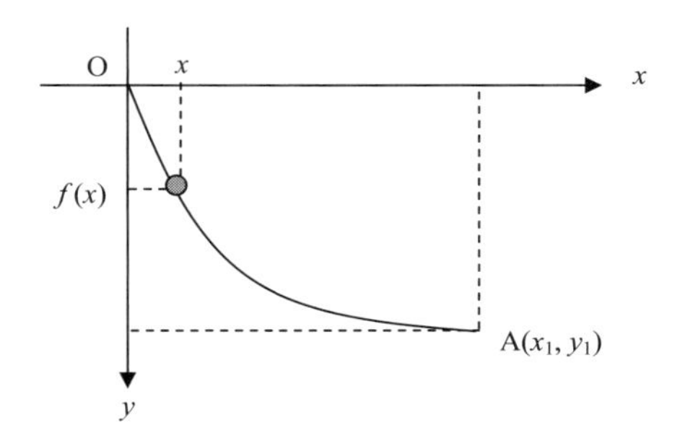

図 1-3　最速降下曲線問題：点 O から点 A に向かう曲線で物体の降下時間が最も短くなるものを求める。

ところで、直観的に考えると、点 O から点 A に達する最も短い経路は直線なのであるから、到達時間が最短になるのも直線のような気もするがどうであろうか。実は、そうならないのである。それを確かめよう。

経路として

$$y = f(x)$$

という曲線を考えよう。そして、降下にかかる最短時間を与える $f(x)$を求めるのが、今回の目的である。

演習 1-5　エネルギー保存の法則を利用して、質量 m[kg]の物体が、位置 $f(x)$[m]まで降下した時点での速度 v[m/s]を求めよ。ただし、重力加速度を g[m/s^2]とする。

解）　物体が $f(x)$ [m] 降下したときに失う位置エネルギーは $mg\,f(x)$ [J] となる。一方、速度が v[m]の運動エネルギーは$(1/2)mv^2$[J]となるので

$$mg\,f(x) = \frac{1}{2}mv^2$$

という関係がえられる。したがって

$$v = \sqrt{2g\,f(x)} \quad \text{[m/s]}$$

と与えられる。

この位置での速度 v[m/s]の x 成分 v_x と y 成分 v_y を求めてみよう。速度の成分比が、曲線の傾きと一致するので

$$\frac{dy}{dx}=\frac{df(x)}{dx}=f'(x)=\frac{v_y}{v_x}\quad \text{よって}\quad v_y=f'(x)v_x$$

という関係にある。

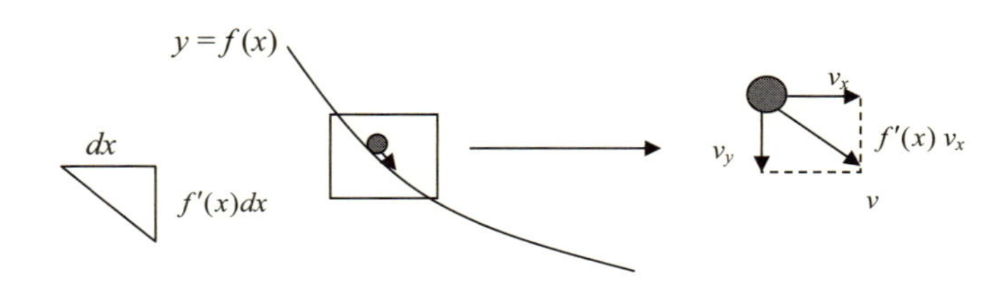

図 1-4　曲線に沿った物体の速度 v[m/s]と、その xy 成分である v_x[m/s]および v_y[m/s]との関係

ここで

$$v^2=v_x{}^2+v_y{}^2$$

という関係にあるので

$$v=\sqrt{v_x{}^2+v_y{}^2}=\sqrt{v_x{}^2+\left\{\frac{df(x)}{dx}v_x\right\}^2}=v_x\sqrt{1+\left(\frac{df(x)}{dx}\right)^2}$$

したがって

$$v_x=\frac{v}{\sqrt{1+\left(\dfrac{df(x)}{dx}\right)^2}}$$

となる。

$v=\sqrt{2g\,f(x)}$ を代入すれば、曲線 $y=f(x)$に沿った物体の運動の速度の x 成分は

$$v_x=\frac{\sqrt{2gf(x)}}{\sqrt{1+\left(\dfrac{df(x)}{dx}\right)^2}}=\frac{\sqrt{2gy}}{\sqrt{1+\left(\dfrac{dy}{dx}\right)^2}}$$

と与えられることになる。

これが x 方向の速さの距離依存性となる。当然のことながら、曲線の形状によって、速度は時々刻々と変化する。

演習 1-6　質量 m[kg]の物体が曲線 $y = f(x)$に沿って、点 O から A まで移動するのに要する時間 t[s]を積分によって示せ。

解）　x 方向に注目すると、時間 t は物体が $x = 0$ から $x = x_1$ まで移動するのに要する時間と考えられる。

ここで、x 方向の微小距離 dx を移動するのに要する時間 dt は

$$v_x = \frac{dx}{dt} \qquad \text{から} \qquad dt = \frac{dx}{v_x} = \frac{\sqrt{1+\left(\dfrac{dy}{dx}\right)^2}}{\sqrt{2gy}}dx$$

と与えられる。

したがって、dt を $x = 0$ から $x = x_1$ まで積分すれば、点 O から点 A まで移動するのに要する時間 t となるはずである。よって

$$t = \int_0^{x_1} \frac{\sqrt{1+\left(\dfrac{dy}{dx}\right)^2}}{\sqrt{2gy}}dx$$

と与えられる。

もちろん、y 方向に注目して v_y を求めたうえで $y = 0$ から $y = y_1$ まで積分しても t を求めることができる。

ところで、われわれに求められているのは、t を最小にする $y = f(x)$を求めることであった。そこで、この問題を解くために、被積分関数

$$L = \frac{\sqrt{1+\left(\dfrac{dy}{dx}\right)^2}}{\sqrt{2gy}} = \frac{\sqrt{1+(y')^2}}{\sqrt{2gy}}$$

に注目する。　ここでは、L は $1/v_x$（v_x は x 方向の速度）のことであるが、今後の汎用性を考えて L と置いている。

この場合、関数 L は、y と y' の 2 個の変数の関数とみなすと

$$L = L(y, y')$$

と表記できる。もちろん、$y = f(x)$が決まれば、$y' = df(x)/dx = f'(x)$も自動的に決まるので、yとy'は、独立変数ではない。ただし、変分法では$y = f(x)$を求めたいのであり、これが決まっていない場合には、補遺 1 に示すように、yとy'は互いに独立して変化でき、独立変数となりうるのである。また、関数Lは関数$y = f(x)$に依存したものであり、いわば、関数yの関数である。すでに、紹介したように、これを、普通の関数 (function) とは区別して、**汎関数** (functional) と呼んでいる。

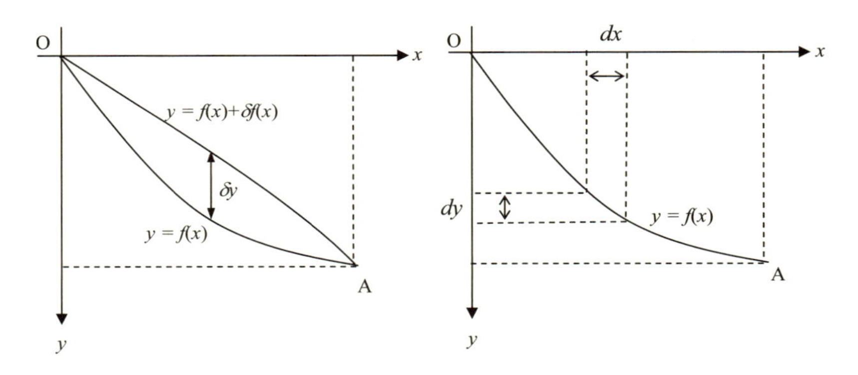

図 1-5　変分と微分の違い：変分とは、左図のように、関数yのかたちを変化させるという意味であり、その結果、いまの問題では、降下時間が変化するということに対応する。微分は、右図に示すように$y = f(x)$という関数において、xをdxだけ変化させると、それに呼応してyがdyだけ変化するということに対応する。

ここで、yをわずかにdyだけ変化させたとしよう。すると、y'は$y' + dy'$へと変化するはずである。このときの、Lの変化は、2 変数(y, y')に関する全微分とみなせば

$$dL = \frac{\partial L(y, y')}{\partial y} dy + \frac{\partial L(y, y')}{\partial y'} dy'$$

と与えられる。ここで、確認のために、yをdyだけ変化させるという意味を確認しておこう。これは、単なる**微分** (differential) ではなく、関数のかたちを変えるという操作である。このため、この変化を**変分** (variation) と呼んでいることも、すでに紹介した。確認のため、図 1-5 に微分と変分の違

いを示す。

さて、再び、本論に戻ろう。関数のかたち（すなわち、降下曲線のかたち）を変えた時（変分した時）の、降下時間の変化δtは

$$\delta t = \int_0^{x_1} \left\{ \frac{\partial L(y, y')}{\partial y} dy + \frac{\partial L(y, y')}{\partial y'} dy' \right\} dx$$

となる。

$y = f(x)$が最速降下曲線であれば、tは極値をとるので$\delta t = 0$という条件から、$f(x)$を求めることができるはずである。このような手法を**変分法** (variational method) と呼んでいる。

したがって

$$\frac{\partial L(y, y')}{\partial y} dy + \frac{\partial L(y, y')}{\partial y'} dy' = 0$$

となる。

しかし、このままでは第2項が dy ではなく、dy'となっている。さらに、整理できないだろうか。ここで dy'を dy にかえる手法として部分積分を適用する。

演習 1-7　δt の右辺の第2項に部分積分を適用せよ。

解）　部分積分は

$$\int f(x) g'(x) dx = f(x) g(x) - \int f'(x) g(x) dx$$

であり、定積分では、積分範囲をそのまま適用すればよい。

$$\frac{\partial L(y, y')}{\partial y'} \to f(x) \qquad dy' \to g'(x)$$

とみなして、部分積分を適用すると

$$dy = g(x)$$

となるから

$$\int_0^{x_1} \left\{ \frac{\partial L(y, y')}{\partial y'} dy' \right\} dx = \left[\frac{\partial L(y, y')}{\partial y'} dy \right]_0^{x_1} - \int_0^{x_1} \left\{ \frac{d}{dx} \left[\frac{\partial L(y, y')}{\partial y'} \right] dy \right\} dx$$

と与えられる。

ところで、いま考えている $y = f(x)$は、図 1-3 からもわかるように、始点の $x = 0$ (点 O) および終点の $x = x_1$ (点 A) は固定されており、その間の関数 $f(x)$のかたちを変える（変分する）というものであった。したがって、これらの点では、必ず $dy = 0$ でなければならない。よって、第 1 項は

$$\left[\frac{\partial L(y, y')}{\partial y'}dy\right]_0^{x_1} = 0 - 0 = 0$$

となり、結局

$$\int_0^{x_1}\left\{\frac{\partial L(y, y')}{\partial y'}dy'\right\}dx = -\int_0^{x_1}\left\{\frac{d}{dx}\left[\frac{\partial L(y, y')}{\partial y'}\right]dy\right\}dx$$

と変換される。したがって、δt は

$$\delta t = \int_0^{x_1}\left\{\frac{\partial L(y, y')}{\partial y}dy + \frac{\partial L(y, y')}{\partial y'}dy'\right\}dx = \int_0^{x_1}\left(\left\{\frac{\partial L(y, y')}{\partial y} - \frac{d}{dx}\left[\frac{\partial L(y, y')}{\partial y'}\right]\right\}dy\right)dx$$

となる。この結果、被積分関数が dy でうまく括りだせる。

最短の時間を与える $f(x)$では $\delta t = 0$ となるはずなので、被積分関数が 0 でなければならない。dy は 0 ではないから、結局、$y = f(x)$が満足する微分方程式として

$$\frac{\partial L(y, y')}{\partial y} - \frac{d}{dx}\left[\frac{\partial L(y, y')}{\partial y'}\right] = 0$$

がえられることになる。

あるいは、簡略化して

$$\frac{\partial L}{\partial y} - \frac{d}{dx}\left[\frac{\partial L}{\partial y'}\right] = 0$$

と書くことも多い。

この微分方程式のことを**オイラー方程式** (Euler equation) と呼んでいる。ところで、前にも説明したが、いまの場合、L は、x 方向の速度 $1/v_x$ のことであった。実は、この方程式は、非常に汎用性が高く、L には、いろいろな関数が対応する。後ほど紹介するように、本書の主題である**解析力学** (Analytical mechanics) においては、ラグランジアン (Lagrangian) が対応する。あるいは、ラグランジュ関数とも呼ばれる。後ほど紹介したい。

さて、ふたたび本論に戻ろう。オイラーの微分方程式を満足する $y=f(x)$ が、われわれが求めたい最速降下曲線となる。ただし、この問題において、オイラー方程式を直接導入しようとすると、かなり煩雑となることが知られており、その変形版のベルトラミの方法を使うのがより一般的である。

そこで、まず、オイラー方程式の一般化を行い、その汎用化について見てみよう。

1.4.　オイラー方程式

ここで、変分法の一般解法をまとめるうえで、オイラー方程式の導出をしておこう。前章では、いささか技巧的な紹介をしたが、ここでは、基本に却って変分法の手法を吟味してみる。

まず、ここで示す変分法というのは汎関数 $L(x, y, y')$ が

$$x, \quad y = f(x), \quad y' = f'(x) = \frac{dy}{dx}$$

の関数とするとき、積分汎関数

$$I[y] = \int_a^b L(x, y, y')\, dx$$

が極値をとるような関数 $y = f(x)$ を

$x = a$ において $y_1 = f(a)$　　$x = b$ において $y_2 = f(b)$

という境界条件のもとで求めるものである。(実は、より一般的には、境界条件以外にもいろいろな制約条件が考えられる。)

一般の微分方程式と違うのは、x などの数値ではなく、関数 $y = f(x)$ のかたちが変数になっている点である。つまり、この境界条件を満足する多くの関数群の中から、$I[y]$ が極値をとるものを探すという問題である。

ここで、図 1-6 を参照しながら、この解法を考えてみる。まず、極値を与える関数を

$$y = f_0(x)$$

と仮定する。

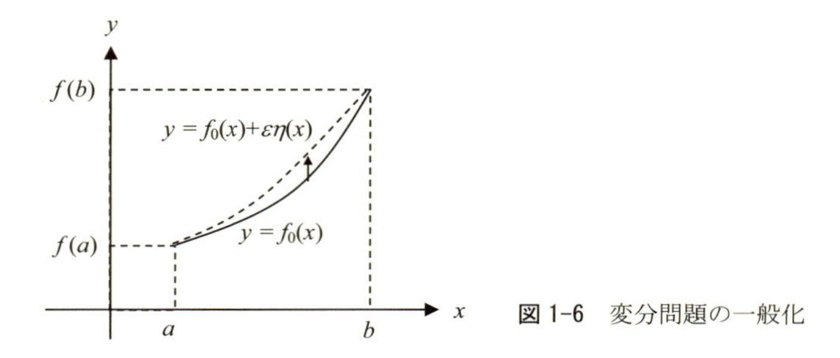

図 1-6 変分問題の一般化

そのうえで、この関数のかたちをわずかに変化させた次の関数を考えるのである。

$$y = f_0(x) + \varepsilon\eta(x)$$

ここで、εは微小量であり、$\eta(x)$は任意の関数である。ただし、境界条件を満足するために、図 1-7 に示すように、$\eta(a)= 0$ および$\eta(b)= 0$ となるものを想定している。

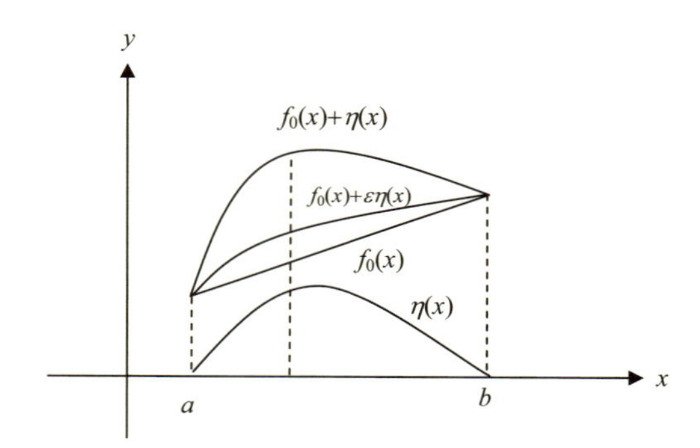

図 1-7 関数の変分の模式図: $y = f_0(x)$ と $y = f_0(x) + \varepsilon\eta(x)$

ここで、極値をとる条件は

$$\varepsilon = 0 \text{ のとき } \quad \frac{dI}{d\varepsilon} = 0$$

となる。

$I[y]=\int_a^b L(x,y,y')\,dx$ であるから $dI/d\varepsilon$を求めるためには、被積分関数の微小変化を求める必要がある。ここで、x とεは独立であるから、y および y' に注目すると

$$\frac{dI[y]}{d\varepsilon}=\int_a^b\left\{\frac{\partial L(x,y,y')}{\partial y}\frac{\partial y}{\partial \varepsilon}+\frac{\partial L(x,y,y')}{\partial y'}\frac{\partial y'}{\partial \varepsilon}\right\}dx$$

となることがわかる[2]。

ここで、$y=f_0(x)+\varepsilon\eta(x)$　と置いているので　$\dfrac{\partial y}{\partial \varepsilon}=\eta(x)$　となる。

さらに $y'=f_0'(x)+\varepsilon\eta'(x)$　から　$\dfrac{\partial y'}{\partial \varepsilon}=\eta'(x)$　となることもわかる。

したがって

$$\frac{dI[y]}{d\varepsilon}=\int_a^b\left\{\frac{\partial L(x,y,y')}{\partial y}\eta(x)+\frac{\partial L(x,y,y')}{\partial y'}\eta'(x)\right\}dx$$

となる。

ここで、右辺の第2項に部分積分を適用すると

$$\int_a^b\left\{\frac{\partial L(x,y,y')}{\partial y'}\eta'(x)\right\}dx=\left[\frac{\partial L(x,y,y')}{\partial y'}\eta(x)\right]_a^b-\int_a^b\left\{\frac{d}{dx}\left(\frac{\partial L(x,y,y')}{\partial y'}\right)\eta(x)\right\}dx$$

となるが、$\eta(a)=0$ および $\eta(b)=0$ であったので

$$\left[\frac{\partial L(x,y,y')}{\partial y'}\eta(x)\right]_a^b=\frac{\partial L(a,y,y')}{\partial y'}\eta(b)-\frac{\partial L(b,y,y')}{\partial y'}\eta(a)=0$$

となり

$$\int_a^b\left\{\frac{\partial L(x,y,y')}{\partial y'}\eta'(x)\right\}dx=-\int_a^b\left\{\frac{d}{dx}\left(\frac{\partial L(x,y,y')}{\partial y'}\right)\eta(x)\right\}dx$$

したがって

---

[2] 偏微分の連鎖法則：$\dfrac{\partial z}{\partial u}=\dfrac{\partial z}{\partial x}\dfrac{\partial x}{\partial u}+\dfrac{\partial z}{\partial y}\dfrac{\partial y}{\partial u}$ と、微分と積分の順序交換：$\dfrac{d}{dx}\int_a^b f(x,y)dy=\int_a^b\dfrac{\partial f(x,y)}{\partial x}dy$ を利用している。

$$\frac{dI[y]}{d\varepsilon} = \int_a^b \left\{ \frac{\partial L(x,y,y')}{\partial y} - \frac{d}{dx}\left(\frac{\partial L(x,y,y')}{\partial y'} \right) \right\} \eta(x) dx$$

となる。この変分が 0 になるためには

$$\frac{\partial L(x,y,y')}{\partial y} - \frac{d}{dx}\left(\frac{\partial L(x,y,y')}{\partial y'} \right) = 0$$

が条件となる。この微分方程式を解けば、$y = f_0(x)$を求めることができる。

この微分方程式が**オイラー方程式** (Euler equation) である。すでに紹介したように、この式を**オイラー・ラグランジュ方程式** (Euler-Lagrange equation) と呼ぶこともある。

演習 1-8　$I[y] = \int_0^1 \sqrt{1+y'^2}\, dx$ によって与えられる積分汎関数の極値を与える関数を、境界条件 $y = f(0) = 0$ および $y = f(1) = 1$ のもとで求めよ。

解）

$$L(x,y,y') = \sqrt{1+y'^2}$$

としてオイラー方程式

$$\frac{\partial L(x,y,y')}{\partial y} - \frac{d}{dx}\left(\frac{\partial L(x,y,y')}{\partial y'} \right) = 0$$

に代入する。すると

$$0 - \frac{d}{dx}\left(\frac{\partial \sqrt{1+y'^2}}{\partial y'} \right) = 0$$

となる。ここで

$$\frac{\partial \sqrt{1+y'^2}}{\partial y'} = \frac{y'}{\sqrt{1+y'^2}}$$

より、微分方程式は

$$\frac{y'}{\sqrt{1+y'^2}} = C$$

となる。これより y' は定数となり、a, b を任意定数として

$$y = ax + b$$

と与えられる。

$$x = 0 \text{ のとき } y = 0$$

から

$$b = 0$$

$$x = 0 \text{ のとき } y = 1$$

から

$$a = 1$$

となり、結局 $y = x$ が解となる。

懸案となっていた、最短距離の問題の解法が演習 1-8 である。このように、オイラー方程式を使えば、簡単に微分方程式がえられる。

以上のように、積分汎関数の極値を求める問題においては、$L(x, y, y')$ にオイラー方程式を適用することで、微分方程式をつくることができる。最後は、この方程式を解法することで $y = f(x)$ が与えられるのである。

この解法は、万能であり、オイラー方程式から機械的に解を求めることができるが、最速降下曲線問題で紹介したように、微分方程式そのものを求めることが容易でない場合もある。実は、L のかたちによって、より簡単に微分方程式を求める手法が開発されている。それをつぎに紹介する。

1.5.　変形オイラー方程式

1.5.1.　$L = L(x, y')$ の場合

これは、関数 L に y が含まれていない場合に相当する。このとき $\partial L / \partial y = 0$ となるので、オイラー方程式は

$$-\frac{d}{dx}\left(\frac{\partial L(x, y, y')}{\partial y'}\right) = 0$$

となり、ただちに

$$\frac{\partial L(x,y,y')}{\partial y'} = \frac{\partial L(x,y')}{\partial y'} = C$$

と置ける。ただし、C は定数である。

1. 5. 2.　$L = L(y, y')$ の場合

L の全微分を考えると

$$dL(y,y') = \frac{\partial L(y,y')}{\partial y}dy + \frac{\partial L(y,y')}{\partial y'}dy'$$

となる。

x に関する微分と考えると

$$\frac{dL(y,y')}{dx} = \frac{\partial L(y,y')}{\partial y}\frac{dy}{dx} + \frac{\partial L(y,y')}{\partial y'}\frac{dy'}{dx}$$

よって

$$\frac{dL(y,y')}{dx} = \frac{\partial L(y,y')}{\partial y}y' + \frac{\partial L(y,y')}{\partial y'}\frac{dy'}{dx}$$

$$\frac{\partial L(y,y')}{\partial y}y' = \frac{dL(y,y')}{dx} - \frac{\partial L(y,y')}{\partial y'}\frac{dy'}{dx}$$

となる。

オイラー方程式

$$\frac{\partial L(y,y')}{\partial y} - \frac{d}{dx}\left(\frac{\partial L(y,y')}{\partial y'}\right) = 0$$

の両辺に y' をかけると

$$\frac{\partial L(y,y')}{\partial y}y' - \frac{d}{dx}\left(\frac{\partial L(y,y')}{\partial y'}\right)y' = 0$$

この最初の項に、さきほど求めた $\dfrac{\partial L(y,y')}{\partial y}y'$ を代入すると

$$\frac{dL(y,y')}{dx} - \frac{\partial L(y,y')}{\partial y'}\frac{dy'}{dx} - \frac{d}{dx}\left(\frac{\partial L(y,y')}{\partial y'}\right)y' = 0$$

ここで

$$\frac{\partial L(y, y')}{\partial y'} y'$$

という関数を考え、これを x で微分してみよう。すると

$$\frac{d}{dx}\left(\frac{\partial L(y, y')}{\partial y'} y'\right) = \frac{d}{dx}\left(\frac{\partial L(y, y')}{\partial y'}\right) y' + \frac{\partial L(y, y')}{\partial y'} \frac{dy'}{dx}$$

となるが、これは、先ほど求めた式の後ろの 2 項である。したがって

$$\frac{dL(y, y')}{dx} - \frac{d}{dx}\left(\frac{\partial L(y, y')}{\partial y'} y'\right) = 0$$

から

$$\frac{d}{dx}\left(L(y, y') - \frac{\partial L(y, y')}{\partial y'} y'\right) = 0$$

となり、結局 C を定数として

$$L(y, y') - y' \frac{\partial L(y, y')}{\partial y'} = C$$

という微分方程式となることがわかる。これを**ベルトラミの公式** (Bltrami Identity)と呼んでいる。

演習 1-9　最速降下曲線を求める微分方程式を導出せよ。

解）　この問題における L は

$$L(y, y') = \frac{\sqrt{1 + (y')^2}}{\sqrt{2gy}}$$

であった。したがって、ベルトラミの公式を使うことができる。

$$L(y, y') = \frac{\sqrt{1 + (y')^2}}{\sqrt{2gy}} = \frac{\{1 + (y')^2\}^{\frac{1}{2}}}{\sqrt{2gy}}$$

であるから

$$\frac{\partial L(y,y')}{\partial y'}=\frac{\frac{1}{2}(2y')\{1+(y')^2\}^{-\frac{1}{2}}}{\sqrt{2gy}}=\frac{y'}{\sqrt{2gy(1+(y')^2)}}$$

となり、ベラトラミの公式

$$L(y,y')-y'\frac{\partial L(y,y')}{\partial y'}=C$$

に代入すると

$$\frac{\sqrt{1+(y')^2}}{\sqrt{2gy}}-y'\frac{y'}{\sqrt{2gy(1+(y')^2)}}=C$$

まとめると

$$\frac{1}{\sqrt{2gy(1+(y')^2)}}=C$$

となる。よって

$$y\{1+(y')^2\}=\frac{1}{2gC^2}=2A$$

ただし、A は定数 (≥ 0) である。

さらに、変形すると

$$y'=\sqrt{\frac{2A-y}{y}}$$

となる。

ようやく最速降下曲線を与える微分方程式を導出することができた。あとは、この微分方程式を解いて、境界条件を満足する解を求めればよいだけである。

実は、この微分方程式は、よく知られており、その解もすでに導出されている。ここで、定数を $2A$ と置いたのは、この後の解法を容易にするためである。

まず、定義域を明らかにしておこう。最初の最速降下曲線の設定で、$y=0$ を始点として、y は曲線の下向き方向を正にとっている。よって、$y\geq 0$ となる。また、y' は実数であるので、根号内は正でなければならない。よって

$$2A - y \geq 0 \qquad より \qquad 0 \leq y \leq 2A$$

が y の定義域となる。

ここで、技巧を使う。つぎのような変数変換をしてみよう。

$$y = A - A\cos\theta$$

すると、$y = 0$ には $\theta = 0$ が対応する。また、$-1 \leq \cos\theta \leq 1$ であるから $0 \leq y \leq 2A$ となっている。

両辺を θ に関して微分すると

$$\frac{dy}{d\theta} = A\sin\theta$$

となる。つぎに

$$y' = \sqrt{\frac{2A - y}{y}} = \sqrt{\frac{A + A\cos\theta}{A - A\cos\theta}} = \sqrt{\frac{1 + \cos\theta}{1 - \cos\theta}}$$

となるが、倍角の公式

$$\cos\theta = 2\cos^2\left(\frac{\theta}{2}\right) - 1 = 1 - 2\sin^2\left(\frac{\theta}{2}\right)$$

を使うと

$$y' = \frac{dy}{dx} = \sqrt{\frac{1 + \cos\theta}{1 - \cos\theta}} = \sqrt{\frac{2\cos^2\left(\frac{\theta}{2}\right)}{2\sin^2\left(\frac{\theta}{2}\right)}} = \frac{\cos\left(\frac{\theta}{2}\right)}{\sin\left(\frac{\theta}{2}\right)}$$

となる。

つまり

$$dy = \frac{\cos\left(\frac{\theta}{2}\right)}{\sin\left(\frac{\theta}{2}\right)}dx \qquad から \qquad \frac{dy}{d\theta} = \frac{\cos\left(\frac{\theta}{2}\right)}{\sin\left(\frac{\theta}{2}\right)}\frac{dx}{d\theta}$$

先ほど求めた

$$\frac{dy}{d\theta} = A\sin\theta \qquad から \qquad \frac{\cos\left(\frac{\theta}{2}\right)}{\sin\left(\frac{\theta}{2}\right)}\frac{dx}{d\theta} = A\sin\theta = 2A\sin\left(\frac{\theta}{2}\right)\cos\left(\frac{\theta}{2}\right)$$

したがって

$$\frac{dx}{d\theta} = 2A\sin^2\left(\frac{\theta}{2}\right) = A(1-\cos\theta)$$

となり、θに関して積分すると

$$x = \int A(1-\cos\theta)d\theta = A(\theta - \sin\theta) + C$$

となる。

ここで初期条件から$\theta=0$のとき $x=0$ であるから $C=0$ となり

$$x = A(\theta - \sin\theta) \qquad y = A(1-\cos\theta)$$

となる。これは、有名な**サイクロイド曲線** (cycloid curve) となる。

これを$0 \le \theta \le 2\pi$の範囲でxおよびyとの対応表をつくれば

θ	0	$\pi/2$	π	$(3/2)\pi$	2π
x	0	$A(\pi/2-1)$	$A\pi$	$A(3\pi/2+1)$	$2A\pi$
y	0	A	$2A$	A	0

となる。グラフにすると図 1-8 のようになる。

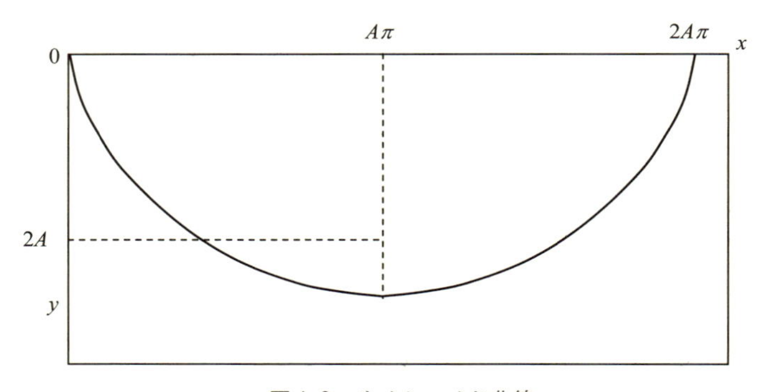

図 1-8 サイクロイド曲線

1. 6. 懸垂曲線

ひもの両端を固定して吊したときに、どのような形状をとるのであろうか。この形状は懸垂曲線 (Catenary) として知られており、変分法を用いて

解析できることが知られている。

ここで、ひもの全長を L[m]とし、図1-9のように高さ h[m]のところに幅 $2d$ [m]でひもを吊るす。このとき固定点の座標は$(-d, h)$と(d, h) となる。

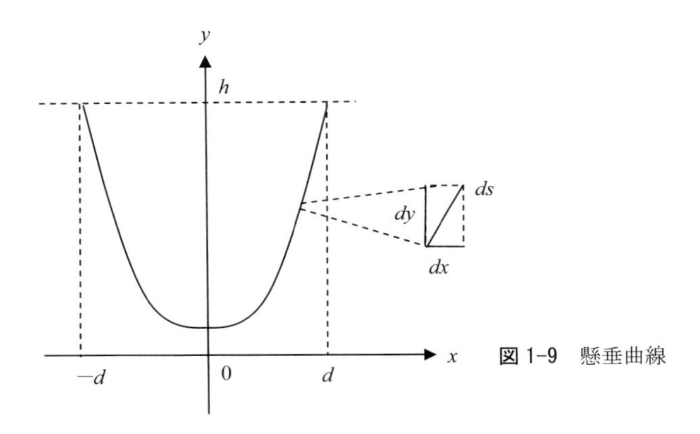

図1-9　懸垂曲線

まず、懸垂曲線に求められる条件を考えてみよう。ひもの線素には鉛直方向に重力が働いている。線素の長さを ds[m], 線密度を σ [g/m], 重力加速度を g[m/s^2]とすれば、その線素あたりの大きさは

$$(\sigma\, ds)g = \sigma\, g ds \quad [\mathrm{N}]$$

となる。

この値は、ひも全体にわたって均一である。それでは、ひもを吊るしたときに、その形状によって何が変化するのであろうか。それは位置エネルギーである。ここで、y の高さに位置する線素あたりの位置エネルギーは

$$(\sigma ds)gy = \sigma g\, y ds \quad [\mathrm{J}]$$

によって与えられる。

位置エネルギーが低いほど安定と考えられるので、この総和が、もっとも小さくなる形状が求める懸垂曲線 $y = f(x)$となるはずである。

ここで

$$ds = \sqrt{dx^2 + dy^2} = dx\sqrt{1 + \left(\frac{dy}{dx}\right)^2}$$

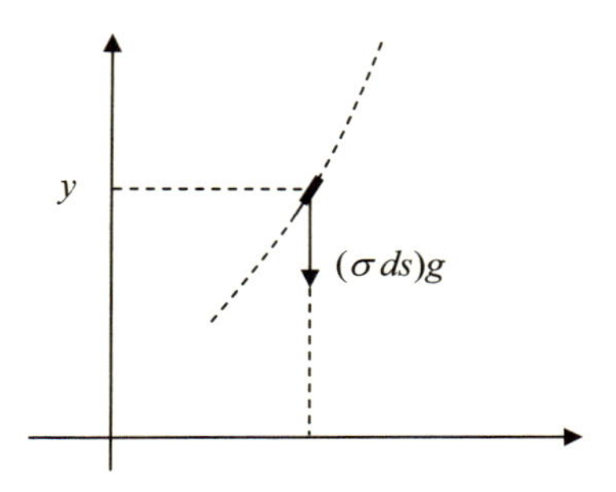

図 1-10　高さ y[m]の位置にある線素σds の位置エネルギーは$\sigma g y ds$ と与えられる。

であったから

$$I=\int_{-d}^{d}\sigma g y ds=\sigma g\int_{-d}^{d}y\sqrt{1+\left(\frac{dy}{dx}\right)^2}dx=\sigma g\int_{-d}^{d}y\sqrt{1+(y')^2}dx$$

という積分汎関数が極小をとる関数 $y=f(x)$を求めればよいことになる。

演習 1-10　つぎの積分汎関数が、$x=-d$, および $x=d$ のとき $y=h$ となる境界条件下で、極小を示す関数 $y=f(x)$を求めよ。

$$I=\int_{-d}^{d}y\sqrt{1+(y')^2}dx$$

解）　$L(y,y')=y\sqrt{1+(y')^2}=y\{1+(y')^2\}^{\frac{1}{2}}$にオイラー方程式を適用させる。この場合は、ベルトラミの公式

$$L(y,y')-y'\frac{\partial L(y,y')}{\partial y'}=C$$

を使うことができる。ただし、C は定数である。

ここで

$$\frac{\partial L(y,y')}{\partial y'}==y\frac{1}{2}\left[\{1+(y')^2\}^{-\frac{1}{2}}\cdot 2y'\right]=\frac{yy'}{\sqrt{1+(y')^2}}$$

であるから

$$y\sqrt{1+(y')^2}-\frac{y(y')^2}{\sqrt{1+(y')^2}}=C$$

となる。変形すると

$$y=C\sqrt{1+(y')^2} \qquad \text{となり} \qquad y^2=C^2\{1+(y')^2\}$$

から

$$y'=\frac{dy}{dx}=\pm\frac{\sqrt{y^2-C^2}}{C}$$

となる。

これを変形して

$$dx=\pm\frac{Cdy}{\sqrt{y^2-C^2}} \qquad x=\pm\int\frac{Cdy}{\sqrt{y^2-C^2}}$$

となる。

この積分は、**双曲線関数** (hyperbolic function) によって解法できることが知られている[3]。ここで

$y=C\cosh t\left(=C\dfrac{e^t+e^{-t}}{2}\right)$　と置くと　$dy=C\sinh t dt$　から

$$x=\int\frac{Cdy}{\sqrt{y^2-C^2}}=\int\frac{C^2\sinh t}{C\sinh t}dt=\int Cdt=Ct+B$$

ただし、B は積分定数である。

したがって

$$y=C\cosh\left(\frac{x-B}{C}\right)$$

となる。

$x=d$ および $-d$ のとき　$y=h$ であるから

$$C\cosh\left(\frac{d-B}{C}\right)=h \quad \text{および} \quad C\cosh\left(\frac{-d-B}{C}\right)=h$$

ここで $y=\cosh x$ は偶関数なので

---

[3] 双曲線関数は指数関数を用いて $\cosh t=\dfrac{e^t+e^{-t}}{2}, \sinh t=\dfrac{e^t-e^{-t}}{2}$ と定義される。

$$C\cosh\left(\frac{d-B}{C}\right)=C\cosh\left(-\frac{d-B}{C}\right)$$

よって上式より

$$-\frac{d-B}{C}=\frac{-d-B}{C}$$

dが 0 であろうとなかろうと

$$B=0$$

となり、さらに

$$h=C\cosh\left(\frac{d}{C}\right)$$

を満足する C を使えば、求める懸垂曲線は

$$y=C\cosh\left(\frac{x}{C}\right)=C\left(\frac{e^{\frac{x}{C}}+e^{-\frac{x}{C}}}{2}\right)$$

と与えられる。

つまり、懸垂曲線 (catenary) は双曲線余弦関数 (hyperbolic cosine)となるのである。ちなみに、懸垂曲線の最下点では $x=0$ であるから

$$y=C\left(\frac{e^0+e^0}{2}\right)=C\frac{2}{2}=C$$

となる。

つまり、定数 C は、ひもを吊るしたときの最下点の高さに相当するのである。

実は、懸垂曲線はラグランジュの未定乗数法によって解法できることが知られている。そこで、次章では、この手法について説明したうえで、懸垂曲線に応用してみる。

補遺1　変数y, y'の考え方について

変分法の基本は、つぎの積分汎関数

$$I[y] = \int_a^b L(x, y, y')\,dx$$

の極値を求めることであった。この被積分関数を見ると、yとともに、それを微分したy'をも変数としている。

ところで、y'はyが決まれば、自動的に決まるはずなので、これら2個を独立変数 (independent variable) として扱うことはできないのではないか。こういう疑問を持つひとも多いようである。

これについて、少し説明しておこう。例えば、yをxの関数として

$$y = ax^2 + bx$$

とする。ここで、関数yを特定するためには、aとbの値を決めなければならない。もちろん、これら値が決まれば

$$y' = 2ax + b$$

としてy'を求めることができる。

しかし、変分法においてはa, b は所与のものではなく、ある条件を満足する$y = ax^2 + bx$を求めることが目的となるのである。よって、a,　bは式のうえでは定数項であるが、未知の変数とみなしてよいことになる。

ここで、xとy,　y'の対応表を作ってみよう。すると、以下のようになる。

x	1	2	3	4	5
$y = ax^2 + bx$	$a+b$	$4a+2b$	$9a+3b$	$16a+4b$	$25a+5b$
$y' = 2ax + b$	$2a+b$	$4a+b$	$6a+b$	$8a+b$	$10a+b$

この表を見てわかるように、yとy'は、a, bという2個の変数を包含しな

がら、互いに、独立して変化しているのがわかる。

例えば、$x=1$とすると$y=a+b$となる。このとき、$y=a+b=3$と固定しても、次表に示すように、$y'=2a+b$は任意の値をとることができるのである。

y	3	3	3	3	3
a	0	1	2	3	4
b	3	2	1	0	-1
$y'=2a+b$	3	4	5	6	7

結局、yとy'は互いに独立した変数として扱ってよいのである。

別な視点からも考えてみよう。xを位置とし、時間tの関数としよう。すると、x' $(=dx/dt)$は速さvになる。よって、xとx'を変数とするということは、物体の位置xと速さvを変数として考えていることになる。

ここで、ある物体の運動を解析したいものとしよう。そして、物体の位置xが特定できたとする。実は、これだけでは、この物体の運動の様子はわからない。この位置における物体の速さvがわからなければ、その運動は予測できないからである。

この例からわかるように、位置xと速さvは、それぞれ独立した変数として扱うことができるのである。

実際、量子力学 (quantum mechanics) においては、電子 (electron) のようなミクロ粒子の位置と速さの両方を正確に把握することができないため、電子の運動はニュートン力学 (Newtonian mechanics) のようには予測できないとして、以下の不確定性原理 (principle of uncertainty) が提唱されている。

$$\Delta x \Delta p \geq \frac{\hbar}{2}$$

ただし、$\Delta p = m\Delta v$は運動量の不確定性であるが、実質的には速さの不確定性となる。ここでも、xとvは互いに独立した変数と見なしている。

以上のように、xとともにx'を変数として扱うことには問題はないのである。

第 2 章　ラグランジュ未定乗数法

解析力学の中心をなす変分法という手法は、関数の関数、すなわち汎関数 (functional) の極値を、ある境界条件のもとで、求めることにある。条件付き極値の解法には、いろいろな手法がある。

本章では、解析力学において重用される解法として、束縛条件 (constraint conditions) の下で、極値を求める方法であるラグランジュ (Lagrange) によって開発された未定乗数法を紹介する。

2. 1.　極値問題

3 変数関数 $w = f(x, y, z)$ の極値問題 (extremal problem)を考えてみよう。ある点が極値 (extreme) となる条件は、$\Delta x, \Delta y, \Delta z$ をそれぞれ x, y, z 方向の微小変化としたとき

$$\Delta w = f(x + \Delta x,\ y + \Delta y,\ z + \Delta z) - f(x, y, z)$$

が、どのような$\Delta x, \Delta y, \Delta z$ に対しても、常に 0 となることを意味している。

w の全微分 (total differential) を使うと、w の微小変化は

$$dw = \frac{\partial f(x, y, z)}{\partial x}dx + \frac{\partial f(x, y, z)}{\partial y}dy + \frac{\partial f(x, y, z)}{\partial z}dz$$

と与えられる。極値を与える点では、どの方向に動かしても $dw = 0$ とならなければならない。よって、任意の dx, dy, dz に対して、常に $dw = 0$ が成立するのが極値を与える条件である。

したがって

$$\frac{\partial f(x, y, z)}{\partial x} = 0 \qquad \frac{\partial f(x, y, z)}{\partial y} = 0 \qquad \frac{\partial f(x, y, z)}{\partial z} = 0$$

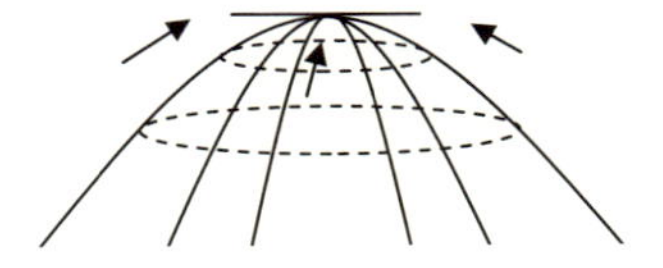
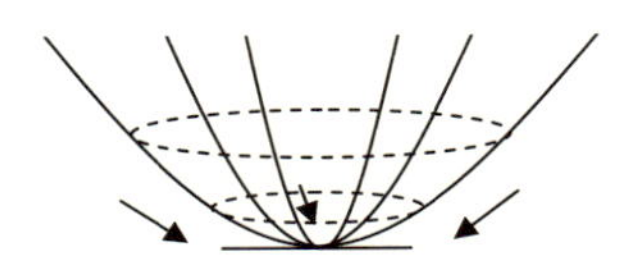

図 2-1　関数の極値の近傍では、どの方向に動かしても $dw=0$ でなければならない。

のすべてが成立するのが極値をとる条件となる。例えば

$$w=f(x,y,z)=x^2+(y-1)^2+(z-2)^2+1$$

の場合

$$\frac{\partial w}{\partial x}=\frac{\partial f(x,y,z)}{\partial x}=2x=0 \qquad \frac{\partial w}{\partial y}=\frac{\partial f(x,y,z)}{\partial y}=2(y-1)=0$$

$$\frac{\partial w}{\partial z}=\frac{\partial f(x,y,z)}{\partial z}=2(z-2)=0$$

から $(x,y,z)=(0,1,2)$ が極値を与える点となり、極値（この場合極小値）は $w=1$ となる。

いまの場合、x と y と z の間には相関がないが、変数どうしに相関がある場合には、極値は異なってくる。例えば、x と y に相関があり

$$y=x+2$$

という関係がある場合はどうであろうか。

この場合は、y に $x+2$ を代入する。すると

$$w=f(x,y,z)=x^2+(y-1)^2+(z-2)^2+1=x^2+(x+1)^2+(z-2)^2+1$$

となり、3 変数関数ではなく、2 変数関数の極値問題となる。このとき

$$w=x^2+(x+1)^2+(z-2)^2+1=2x^2+2x+(z-2)^2+2$$

となって、全微分は

$$dw=\frac{\partial w}{\partial x}dx+\frac{\partial w}{\partial z}dz=(4x+2)dx+2(z-2)dz$$

となる。

この場合、x と z には相関はないので、任意の dx と dz に対して、常に $dw=0$ でなければならないので、極値をとるための条件は

$$\frac{\partial w}{\partial x} = (4x+2) = 0 \quad \text{かつ} \quad \frac{\partial w}{\partial z} = 2(z-2) = 0$$

となり

$$x = -\frac{1}{2} \qquad z = 2$$

となるが $y = x + 2$ という関係にあったので

$$y = -\frac{1}{2} + 2 = \frac{3}{2}$$

となる。よって、極値を与える点は

$$(x, y, z) = \left(-\frac{1}{2}, \frac{3}{2}, 2\right)$$

となり、極値は

$$w = x^2 + (y-1)^2 + (z-2)^2 + 1 = \frac{1}{4} + \frac{1}{4} + 1 = \frac{3}{2}$$

となる。

このように、変数間に相関がある場合には、相関がない場合の極値とは異なる。このような極値を条件付極値 (constrained extremum) と呼んでいる。

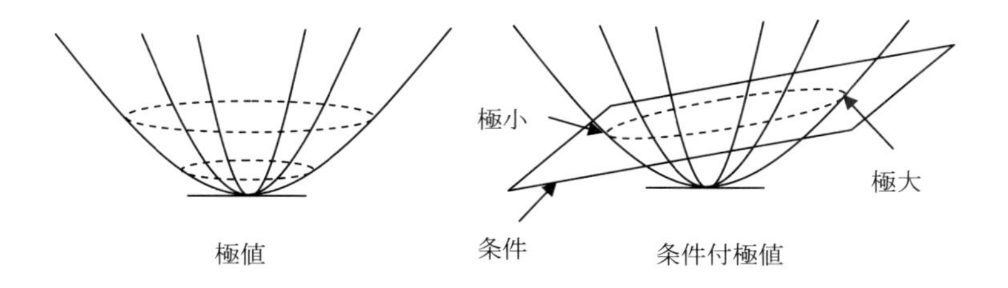

図 2-2　通常の極値と条件付極値の概念図

ところで、いまの場合は、変数間の相関が 1 次式と簡単であったので、もとの関数に代入することで容易に極値がえられたが、この相関が複雑であった場合はどうであろうか。

このような場合に、威力を発揮するのが、ラグランジュの未定乗数法

(method of Lagrange multiplier) と呼ばれる手法である。実は、この手法が開発されるまでは、条件付極値を求める場合、図 2-2 に示すように、束縛条件をグラフ化して、もとの関数との幾何学的な相対関係を調べながら、極大と極小などを求めていたのである。しかし、これでは、条件が異なるたびに、余分な作業を必要とした。しかし、未定乗数法は、すべての場合に適用できる一般化された手法であり、束縛条件下での極値の解法がいとも簡単化されたのである。

2. 2. 未定乗数法

3 変数関数 $w = f(x, y, z)$ の極値を求める問題において、変数間の相関が

$$g(x, y, z) = 0$$

と与えられるとしよう。これは、いわば束縛条件 (constrained condition) である。

この関数の全微分は

$$\frac{\partial g(x, y, z)}{\partial x} dx + \frac{\partial g(x, y, z)}{\partial y} dy + \frac{\partial g(x, y, z)}{\partial z} dz = 0$$

となる。

ここで、煩雑さをさけるために

$$g_x dx + g_y dy + g_z dz = 0$$

と表記しよう。g_x は関数 $g(x,y,z)$の x に関する偏微分 (partial differential) という意味である。つまり

$$\frac{\partial g(x, y, z)}{\partial x} = g_x \qquad \frac{\partial f(x, y, z)}{\partial y} = f_y$$

という表記を採用する。変数間の相関をこのように表現すると

$$dz = -\frac{g_x}{g_z} dx - \frac{g_y}{g_z} dy$$

と置ける。

もはや、dz は独立に変化することはできず、dx と dy の束縛 (constraint) を受けるという意味である。これをもとの式

$$dw = \frac{\partial f(x,y,z)}{\partial x}dx + \frac{\partial f(x,y,z)}{\partial y}dy + \frac{\partial f(x,y,z)}{\partial z}dz = f_x dx + f_y dy + f_z dz$$

に代入してみよう。すると

$$dw = f_x dx + f_y dy + f_z dz = f_x dx + f_y dy - f_z \frac{g_x}{g_z}dx - f_z \frac{g_y}{g_z}dy$$

となり

$$dw = \left(f_x - f_z \frac{g_x}{g_z} \right) dx + \left(f_y - f_z \frac{g_y}{g_z} \right) dy$$

となる。変数間の相関は式が 1 個であるので、dz の自由度はないが、dx, dy は自由に選ぶことができるので、$dw = 0$ が成立するためには

$$f_x - f_z \frac{g_x}{g_z} = 0 \qquad f_y - f_z \frac{g_y}{g_z} = 0$$

が条件となる。

ここで $\dfrac{f_z}{g_z} = \lambda$ と置くと、これら式は

$$f_x - \lambda g_x = 0 \qquad f_y - \lambda g_y = 0$$

となる。

さらに、$\dfrac{f_z}{g_z} = \lambda$ と置いたが、この関係は　$f_z - \lambda g_z = 0$　と変形できる。

結局

$$f_x - \lambda g_x = 0 \quad f_y - \lambda g_y = 0 \quad f_z - \lambda g_z = 0$$

という関係がえられる。もとの関数形で表記すると、x 成分は

$$\frac{\partial f(x,y,z)}{\partial x} - \lambda \frac{\partial g(x,y,z)}{\partial x} = 0$$

となるが、これは

$$\frac{\partial}{\partial x}\{ f(x,y,z) - \lambda g(x,y,z) \} = 0$$

と置ける。

同様に

$$\frac{\partial}{\partial y}\{ f(x,y,z) - \lambda g(x,y,z) \} = 0 \qquad \frac{\partial}{\partial z}\{ f(x,y,z) - \lambda g(x,y,z) \} = 0$$

となる。ここで

$$u(x,y,z) = f(x,y,z) - \lambda g(x,y,z)$$

とおくと

$$\frac{\partial u(x,y,z)}{\partial x} = 0, \qquad \frac{\partial u(x,y,z)}{\partial y} = 0, \qquad \frac{\partial u(x,y,z)}{\partial z} = 0$$

となるが、これは$u(x,y,z)$という関数の極値を束縛条件なしで与えるものであった。つまり、条件なしでuの極値を求めることと、$g(x,y,z)=0$という束縛条件のもとで、関数$f(x,y,z)$の極値を求めることと等価となるのである。この手法によって、条件付極値問題が、一般の極値問題として扱えるのである。

このλのことを**未定乗数** (Lagrange multiplier) と呼び、この手法を**ラグランジュの未定乗数法** (method of Lagrange multiplier) と呼んでいる。

例として

$$w = f(x,y,z) = x^2 + (y-1)^2 + (z-2)^2 + 1$$

という関数の極値を

$$g(x,y,z) = x - y + 2 = 0$$

という束縛条件下で求めてみよう。λを未定乗数として

$$u = f(x,y,z) - \lambda g(x,y,z) = x^2 - \lambda x + (y-1)^2 + \lambda y + (z-2)^2 + 1 - 2\lambda$$

という関数の極値を求める。すると、極値を与える条件は

$$\frac{\partial u}{\partial x} = 2x - \lambda = 0 \qquad \frac{\partial u}{\partial y} = 2(y-1) + \lambda = 0 \qquad \frac{\partial u}{\partial z} = 2(z-2) = 0$$

となり

$$x = \frac{\lambda}{2} \qquad y = -\frac{\lambda}{2} + 1 \qquad z = 2$$

がえられる。

ただし、このままではλが未定のままであり、もう 1 個式が必要となる。それは

$$g(x,y,z) = x - y + 2 = 0$$

である。

x, y にいま求めたλの式を代入すると

$$\frac{\lambda}{2}+\frac{\lambda}{2}+1=0 \quad \lambda+1=0 \quad \text{から} \quad \lambda=-1$$

となるので

$$x=-\frac{1}{2} \quad y=\frac{3}{2} \quad z=2$$

がえられる。

演習 2-1　$x^2+y^2+z^2=1$ の条件のもとで、$w=f(x,y,z)=2x+3y+z$ の最大値および最小値を求めよ。

解）　$g(x,y,z)=x^2+y^2+z^2-1=0$ として

$$u=f(x,y,z)-\lambda g(x,y,z)=2x+3y+z-\lambda(x^2+y^2+z^2-1)$$

の極値を与える条件は

$$\frac{\partial u}{\partial x}=2-2\lambda x=0 \qquad \frac{\partial u}{\partial y}=3-2\lambda y=0 \qquad \frac{\partial u}{\partial y}=1-2\lambda z=0$$

となり

$$x=\frac{1}{\lambda} \qquad y=\frac{3}{2\lambda} \qquad z=\frac{1}{2\lambda}$$

となる。

ここで $x^2+y^2+z^2=1$ から

$$\frac{1}{\lambda^2}+\frac{9}{4\lambda^2}+\frac{1}{4\lambda^2}=1 \qquad \frac{14}{4\lambda^2}=1 \qquad \lambda=\pm\sqrt{\frac{2}{7}}$$

となる。

これは、極値を与える条件であり、最大となるか最小となるかは判断できないが、いまの場合は、明らかに、最大値は

$$(x,y,z)=\left(\sqrt{\frac{7}{2}},\frac{3}{2}\sqrt{\frac{7}{2}},\frac{1}{2}\sqrt{\frac{7}{2}}\right) \quad \text{のときで} \quad w=2x+3y+z=7\sqrt{\frac{7}{2}}$$

となる。また、最小値は

$$(x,y,z)=\left(-\sqrt{\frac{7}{2}},-\frac{3}{2}\sqrt{\frac{7}{2}},-\frac{1}{2}\sqrt{\frac{7}{2}}\right) \quad \text{のときで} \quad w=2x+3y+z=-7\sqrt{\frac{7}{2}}$$

となる。

ラグランジュの未定乗数法は、もちろん 2 変数関数にも適用することができる。例えば、楕円

$$\frac{x^2}{a^2}+\frac{y^2}{b^2}=1$$

に内接する長方形で面積がもっとも大きくなるものを求めてみよう。

これは $g(x,y)=\dfrac{x^2}{a^2}+\dfrac{y^2}{b^2}-1=0$ の制約条件のもとで $w=f(x,y)=4xy$ の極値を求める問題である（図 2-3 参照）。

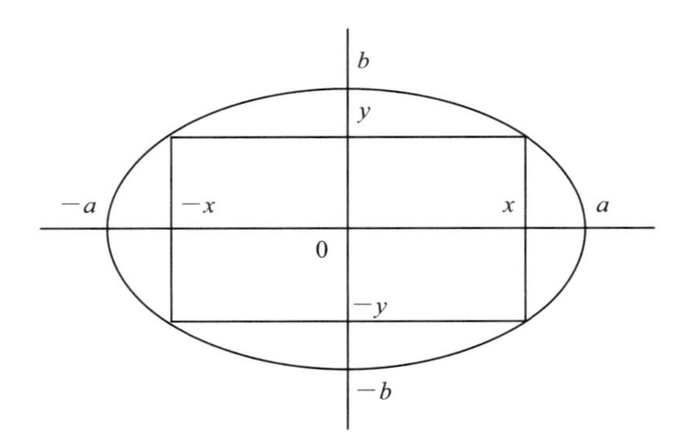

図 2-3　長方形の面積：$2x\times 2y=4xy$

ラグランジュの未定乗数法を用いる。λを未定乗数として

$$u=f(x,y)-\lambda g(x,y)=4xy-\lambda\left(\frac{x^2}{a^2}+\frac{y^2}{b^2}-1\right)$$

の極値を与える条件は

$$\frac{\partial u}{\partial x}=4y-\frac{2\lambda}{a^2}x=0 \qquad \frac{\partial u}{\partial y}=4x-\frac{2\lambda}{b^2}y=0$$

となる。

$$y=\frac{\lambda}{2a^2}x \qquad x=\frac{\lambda}{2b^2}y$$

から

$$y = \frac{\lambda}{2a^2}\left(\frac{\lambda}{2b^2}y\right) \quad より \quad \lambda = 2ab \quad となり \quad y = \frac{b}{a}x$$

$\dfrac{x^2}{a^2} + \dfrac{y^2}{b^2} = 1$　に代入すると

$$\frac{x^2}{a^2} + \frac{x^2}{a^2} = 1 \qquad \frac{2x^2}{a^2} = 1 \quad より\ x = \frac{a}{\sqrt{2}}$$

よって $y = \dfrac{b}{\sqrt{2}}$　となり、極値は

$$w = 4\frac{a}{\sqrt{2}} \cdot \frac{b}{\sqrt{2}} = 2ab$$

となるが、問題の設定から、これが最大値となることがわかる。

演習 2-2　半径 r の円 $x^2 + y^2 = r^2$ に内接する長方形で、面積が最大になるものを求めよ。

解)　$g(x, y) = x^2 + y^2 - r^2 = 0$ の制約条件のもとで $w = f(x, y) = 4xy$ の極値を求める問題である。ラグランジュの未定乗数法を用いる。λを未定乗数として

$$u = f(x, y) - \lambda g(x, y) = 4xy - \lambda(x^2 + y^2 - r^2)$$

の極値を与える条件は

$$\frac{\partial u}{\partial x} = 4y - 2\lambda x = 0 \qquad \frac{\partial u}{\partial y} = 4x - 2\lambda y = 0$$

となる。

$$y = \frac{\lambda}{2}x \qquad x = \frac{\lambda}{2}y$$

から $xy = \dfrac{\lambda^2}{4}xy$　より $\lambda = 2$ となり正方形となることがわかる。

$$x^2 + x^2 = 2x^2 = r^2$$

より一辺の長さは $2r/\sqrt{2} = \sqrt{2}r$ となり、面積は $2r^2$ となる。

演習 2-3　半径 r の球に内接する直方体で体積が最大になるものは、どのような形状をしているか調べよ。

解）　半径 r の球の方程式は

$$x^2+y^2+z^2=r^2$$

したがって、この問題は

$$g(x,y,z)=x^2+y^2+z^2-r^2=0$$

のもとで

$$f(x,y,z)=8xyz$$

の最大値を求める問題となる。

λを未定乗数として

$$u=f(x,y,z)-\lambda g(x,y,z)=8xyz-\lambda(x^2+y^2+z^2-r^2)$$

の極値を与える条件は

$$\frac{\partial u}{\partial x}=8yz-2\lambda x=0 \qquad \frac{\partial u}{\partial y}=8zx-2\lambda y=0 \qquad \frac{\partial u}{\partial z}=8xy-2\lambda z=0$$

から

$$x=\frac{4yz}{\lambda} \qquad y=\frac{4zx}{\lambda} \qquad z=\frac{4xy}{\lambda}$$

となる。辺々を乗ずると

$$xyz=\frac{64x^2y^2z^2}{\lambda^3} \qquad \text{から} \qquad xyz=\frac{\lambda^3}{64}$$

よって

$$x^2=\frac{4xyz}{\lambda}=\frac{\lambda^2}{16} \qquad y^2=\frac{\lambda^2}{16} \qquad z^2=\frac{\lambda^2}{16}$$

となり、立方体となることがわかる。制約条件は

$$x^2+y^2+z^2=r^2$$

であったから

$$\frac{3\lambda^2}{16}=r^2 \qquad \text{から} \qquad \lambda^2=\frac{16r^2}{3} \qquad \text{より}$$

一辺の長さが $2r/\sqrt{3}$ の立方体となり、その体積は

$$u = \frac{8r^3}{3\sqrt{3}}$$

となる。

演習 2-4　楕円球 $\dfrac{x^2}{a^2} + \dfrac{y^2}{b^2} + \dfrac{z^2}{c^2} = 1$ に内接する直方体でもっとも体積の大きなものを求めよ。

解）　$g(x,y,z) = \dfrac{x^2}{a^2} + \dfrac{y^2}{b^2} + \dfrac{z^2}{c^2} - 1 = 0$ の条件下で $f(x,y,z) = 8xyz$ の最大値を求める問題となる。λを未定乗数として

$$u = f(x,y,z) - \lambda g(x,y,z) = 8xyz - \lambda\left(\frac{x^2}{a^2} + \frac{y^2}{b^2} + \frac{z^2}{c^2} - 1\right)$$

の極値を求める。極値を与える条件は

$$\frac{\partial u}{\partial x} = 8yz - \lambda\left(\frac{2x}{a^2}\right) = 0 \qquad \frac{\partial u}{\partial y} = 8zx - \lambda\left(\frac{2y}{b^2}\right) = 0 \qquad \frac{\partial u}{\partial z} = 8xy - \lambda\left(\frac{2z}{c^2}\right) = 0$$

となる。

$$yz = \lambda\left(\frac{x}{4a^2}\right) \qquad zx = \lambda\left(\frac{y}{4b^2}\right) \qquad xy = \lambda\left(\frac{z}{4c^2}\right)$$

から

$$xyz = \lambda\left(\frac{x^2}{4a^2}\right) = \lambda\left(\frac{y^2}{4b^2}\right) = \lambda\left(\frac{z^2}{4c^2}\right)$$

よって

$$y = \lambda\left(\frac{x}{4a^2 z}\right) \qquad z = \lambda\left(\frac{y}{4b^2 x}\right) \qquad x = \lambda\left(\frac{z}{4c^2 y}\right)$$

から

$$y = \lambda\left(\frac{1}{4a^2 z}\right)\lambda\left(\frac{z}{4c^2 y}\right) \qquad \text{よって} \qquad y^2 = \frac{\lambda^2}{16a^2c^2}$$

となる。同様にして

$$x^2 = \frac{\lambda^2}{16b^2c^2} \qquad z^2 = \frac{\lambda^2}{16a^2b^2}$$

となる。

ここで

$$\frac{x^2}{a^2}+\frac{y^2}{b^2}+\frac{z^2}{c^2}=1 \quad より \quad \frac{3\lambda^2}{16a^2b^2c^2}=1$$

よって

$$\lambda=\frac{4abc}{\sqrt{3}}$$

と与えられ、極値は

$$f(x,y,z)=8xyz=8\lambda\left(\frac{z}{4c^2y}\right)\lambda\left(\frac{x}{4a^2z}\right)\lambda\left(\frac{y}{4b^2x}\right)=\frac{\lambda^3}{8a^2b^2c^2}=\frac{8abc}{3\sqrt{3}}$$

となるが、文意から、これが最大体積となる。

2. 3.　変分法への応用

ラングランジュの未定乗数法は、変分法にも応用される。ここでは、懸垂曲線導出への応用を紹介したい。

懸垂曲線に沿った線素（線分の微小長さ）を ds とすると

$$\ell=\int ds$$

という関係にある。線素を全体にわたって積分すれば、線の全長 ℓ [m]になるという意味である。ここで

$$ds=\sqrt{(dx)^2+(dy)^2}=\sqrt{1+\left(\frac{dy}{dx}\right)^2}\,dx=\sqrt{1+(y')^2}\,dx$$

から

$$\ell=\int ds=\int_{-d}^{d}\sqrt{1+(y')^2}\,dx$$

という関係がえられる。

これが束縛条件 (constrained condition) となり、この制約のもとで極値を求めることで、懸垂曲線がえられることになる。ただし、正確には極値ではなく、懸垂曲線の場合には

$$I=\sigma g\int_{-d}^{d}y\sqrt{1+(y')^2}\,dx$$

という積分汎関数が極小をとる関数 $y=f(x)$ を求めることになる。

ここで、λ を未定乗数として

$$u = \sigma g \int_{-d}^{d} y\sqrt{1+(y')^2}\,dx - \lambda\sigma g \int_{-d}^{d} \sqrt{1+(y')^2}\,dx$$

という積分汎関数を最小にする y を求めることなる。ここで、被積分項をまとめると

$$u = \sigma g \int_{-d}^{d} \{y\sqrt{1+(y')^2} - \lambda\sqrt{1+(y')^2}\}dx$$

となる。よって、被積分関数は

$$L(y,y') = y\sqrt{1+(y')^2} - \lambda\sqrt{1+(y')^2} = (y-\lambda)\sqrt{1+(y')^2} = (y-\lambda)\{1+(y')^2\}^{\frac{1}{2}}$$

と与えられる。このように、未定乗数を変分法に適用すると、制約条件（束縛条件）を、取り込むことが可能となるのである。

そして、この新たな式にオイラー方程式を適用させればよい。この場合も、ベルトラミの公式

$$L(y,y') - y'\frac{\partial L(y,y')}{\partial y'} = C$$

を使うことができる。ただし、C は定数である。

ここで

$$\frac{\partial L(y,y')}{\partial y'} = = (y-\lambda)\cdot\frac{1}{2}\left[\{1+(y')^2\}^{-\frac{1}{2}}\cdot 2y'\right] = \frac{(y-\lambda)y'}{\sqrt{1+(y')^2}}$$

であるから、求める微分方程式は

$$(y-\lambda)\sqrt{1+(y')^2} - \frac{(y-\lambda)(y')^2}{\sqrt{1+(y')^2}} = C$$

となる。変形すると

$$y-\lambda = C\sqrt{1+(y')^2} \qquad \text{となり} \qquad (y-\lambda)^2 = C^2\{1+(y')^2\}$$

から

$$y' = \frac{dy}{dx} = \pm\frac{\sqrt{(y-\lambda)^2 - C^2}}{C}$$

となる。

これを変形して

$$dx = \pm \frac{Cdy}{\sqrt{(y-\lambda)^2 - C^2}} \qquad x = \pm \int \frac{Cdy}{\sqrt{(y-\lambda)^2 - C^2}}$$

となる。

$y-\lambda = C\cosh t$ と置くと $dy = -C\sinh t dt$ から

$$x = \int \frac{Cdy}{\sqrt{(y-\lambda)^2 - C^2}} = \int \frac{C^2 \sinh t}{C \sinh t} dt = \int Cdt = Ct + B$$

ただし、B は積分定数である。

したがって

$$y-\lambda = C\cosh\left(\frac{x-B}{C}\right)$$

となる。

ところで、ここで求める懸垂曲線は y 軸に関して対称であるので、B=0 でなければならない。よって

$$y-\lambda = C\cosh\left(\frac{x}{C}\right)$$

この式に束縛条件を適用することで、未定乗数が求められる。条件は

$$L = \int_{d}^{d} \sqrt{1+(y')^2}\,dx$$

であった。

ここで

$$\frac{dy}{dx} = -C\sinh\left(\frac{x}{C}\right)$$

となるので

$$L = 2\int_0^d \sqrt{1+(y')^2}\,dx = 2\int_0^d \sqrt{1+\sinh^2\left(\frac{x}{C}\right)}dx = 2\int_0^d \cosh\left(\frac{x}{C}\right)dx$$

$$= 2C\left[\sinh\left(\frac{x}{C}\right)\right]_0^d = 2C\sinh\left(\frac{d}{C}\right)$$

となる。つまり

$$L = 2C\sinh\left(\frac{d}{C}\right)$$

という関係にある。$x=d$ のとき、$y=h$ であるから

$$h - \lambda = C\cosh\left(\frac{d}{C}\right)$$

より

$$\lambda = h - C\cosh\left(\frac{d}{C}\right)$$

ここで、$\cosh^2 x - \sinh^2 x = 1$ より

$$C\cosh\left(\frac{d}{C}\right) = C\sqrt{1+\sinh^2\left(\frac{d}{C}\right)} = \sqrt{C^2 + C^2\sinh^2\left(\frac{d}{C}\right)} = \sqrt{C^2 + \left(\frac{L}{2}\right)^2}$$

よって

$$\lambda = h - C\cosh\left(\frac{d}{C}\right) = h - \sqrt{C^2 + \left(\frac{L}{2}\right)^2}$$

がえられ

$$y = C\cosh\left(\frac{x}{C}\right) + \lambda = C\cosh\left(\frac{x}{C}\right) + h - \sqrt{C^2 + \left(\frac{L}{2}\right)^2}$$

が解となる。

第3章　ラグランジアン

3. 1.　最小作用の原理

変分法の考えを力学に応用したらどうなるであろうか。ここで、質量 m[kg]のボールを初速 v_0[m/s^2]で、鉛直上方に投げ上げた場合の、ボールの高さ h[m]と時間 t[s]の関係を求めてみよう。すると

$$h(t) = v_0 t - \frac{1}{2} g t^2$$

という式となる。ただし、g [m/s^2]は重力加速度である。

このとき、ボールは最高高さ h_{max} に到達したのち、落ちてくる。この運動の様子を、たて軸を $h(t)$、横軸を t として描くと、図 3-1 のようになる。

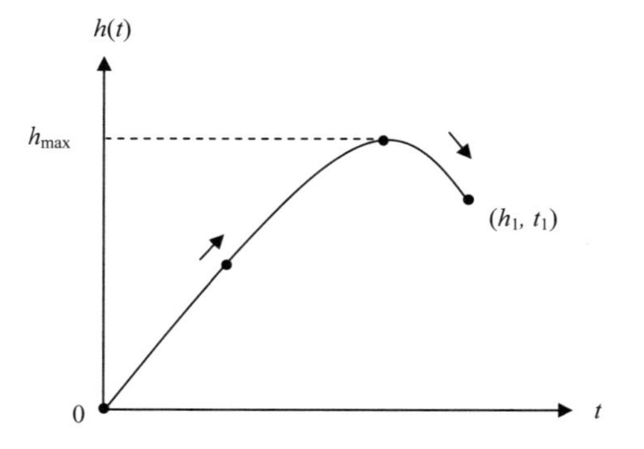

図 3-1　ボールを上方に投げ上げたときの高さ(h)と時間(t)の関係

ここで、最高到達点 h_{max} とその時間を求めてみよう。このボールの速さ v[m/s]は

$$v(t) = \frac{dh(t)}{dt} = v_0 - gt$$

となるが、最高到達点では $v = 0$ となることから $t = v_0/g$ [s]となり

$$h_{\max} = v_0\left(\frac{v_0}{g}\right) - \frac{1}{2}g\left(\frac{v_0}{g}\right)^2 = \frac{{v_0}^2}{2g} \quad \text{[m]}$$

となる。

それでは、これを変分問題として捉えたら、どうなるであろうか。図3-2に示すように、h-t 平面において、点(0, 0) から点(h_1, t_1)に至る経路はいろいろと考えられる。

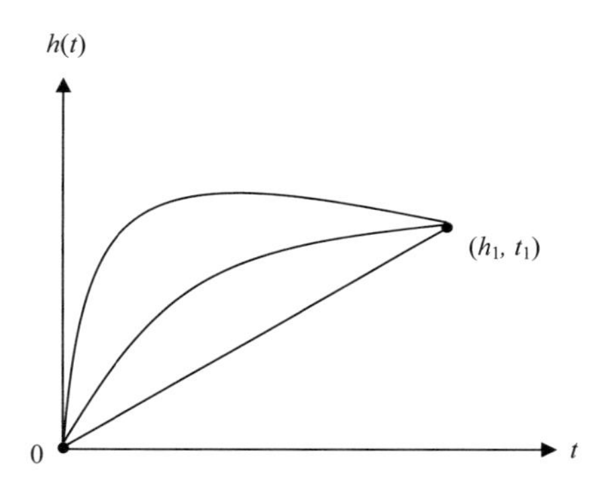

図3-2　点(0, 0) から点(h_1, t_1)に至る経路

ここで、変分の考えによれば h と h'と t の関数からなる物理量 L があり

$$I = \int_0^{t_1} L(h, h', t)dt$$

を最小にするという条件から、経路が決まるということになる。この積分のことを**作用積分** (action integral) あるいは、単に、**作用** (action) と呼ぶ。そして、物体の運動は、作用を最小にする経路をとるということが知られており、これを**最小作用の原理** (principle of least action) と呼んでいる。

もちろん、実際の運動は、原点から出発する必要はないので、より一般には(h_1, t_1)から(h_2, t_2)に至る経路を考え

$$I = \int_{t_1}^{t_2} L(h, h', t)\, dt$$

とするのが、通例である。

それでは、この被積分関数はいったいどのようなものであろうか。結論からいうと、物体の運動に対応したものは

$$v = \frac{dh}{dt} = h'$$

であるから

$$L = \frac{1}{2}mv^2 - mgh = \frac{1}{2}m(h')^2 - mgh$$

という関数となる。

これは、**ラグランジュ関数** (Lagrange function) あるいは**ラグランジアン** (Lagrangian) と呼ばれる。よく見ると、第 1 項は運動エネルギー (T: kinetic energy) であり、第 2 項は、位置エネルギー(U: potential energy) となっている。このため、ラグランジアンを

$$L = T - U$$

と表記する。

ただし、運動エネルギーT を K と置いたり、U を V とする場合もある。K は kinetic energy に由来する。位置エネルギーを U と表記するのは universal gravitation つまり万有引力に基づいている。

演習 3-1 オイラー方程式を利用して、$h-t$ 平面において、ボールの軌跡を与える微分方程式を求めよ。

解） オイラー方程式は

$$\frac{\partial L(h, h', t)}{\partial h} - \frac{d}{dt}\left(\frac{\partial L(h, h', t)}{\partial h'}\right) = 0$$

であった。

ここで $L(h, h', t) = \dfrac{1}{2}m(h')^2 - mgh$ より

$$\frac{\partial L(h,h',t)}{\partial h} = -mg \qquad \frac{d}{dt}\left(\frac{\partial L(h,h',t)}{\partial h'}\right) = \frac{d}{dt}(mh') = m\frac{d^2h}{dt^2}$$

となるが、これをオイラー方程式に代入すると

$$-mg - m\frac{d^2h}{dt^2} = 0$$

となり、求める微分方程式は

$$g + \frac{d^2h}{dt^2} = 0$$

と与えられる。

あとは、$h(t)$が$(0, 0)$と(h_1, t_1) を通るという境界条件を満足するように、この微分方程式を解けば、運動の軌跡を求めることができる。

実際に解法してみると

$$\frac{d^2h}{dt^2} = -g \quad \text{を } t \text{ に関して積分すると} \quad \frac{dh}{dt} = -gt + C_1$$

ただし、C_1は定数である。さらに、tに関して積分すると

$$h(t) = -\frac{1}{2}gt^2 + C_1t + C_2$$

となる。ただし、C_2も定数である。ここで、$h(0) = 0$ という条件から

$$C_2 = 0$$

となる。つぎに$h(t_1) = h_1$から

$$h(t_1) = -\frac{1}{2}g{t_1}^2 + C_1t_1 = h_1 \qquad C_1 = \frac{h_1}{t_1} + \frac{1}{2}gt_1$$

となるが、今の場合、C_1は初速のv_0となる。

ところで $F = mg$ と置くと、オイラー方程式から求めた微分方程式は

$$F = -m\frac{d^2h}{dt^2}$$

と表記できるが、これは、まさにニュートンの運動方程式そのものである。つまり、変分問題において、ラグランジアンを導入すると、物体の運動を記述する微分方程式がえられ、それを解けば、運動の軌跡がえられるのである。

それでは、なぜ、ラグランジアンは

$$L = T - U = \frac{1}{2}mv^2 - mgh$$

となるのであろうか。それを少し考えてみよう。

3. 2.　慣性運動

前項では、重力のもとでの運動を扱った。しかし、運動の基本は等速運動である。力が働かないもとでは、物体は静止しているか、等速度での運動を続ける。これを慣性の法則 (Law of inertia) と呼んでいる。そこで、慣性運動を変分法を用いて、解析してみよう。

ここでは、1 次元の運動を考える。$x = 0$ にある物体が、t_1[s]後に、$x = x_1$[m]の点に到達したとする。このときの平均速度は

$$v = \frac{x_1}{t_1} \quad \text{[m/s]}$$

と与えられる。

この運動を $x-t$ 平面に描いてみよう。すると、図 3-3 のようになり、等速度運動では、(0, 0)と(x_1, t_1)を結ぶ直線となる。この問題に変分法をあてはめる。変分法の考えでは、図 3-3 に示したように、(0, 0)と(x_1, t_1)を結ぶ経路は無数にあるが、その経路のなかで、ラグランジアンの積分汎関数が最小になるものを選ぶということになる。すでに紹介したように、これを作用積分(action integral)あるいは、作用(action)と呼ぶ。

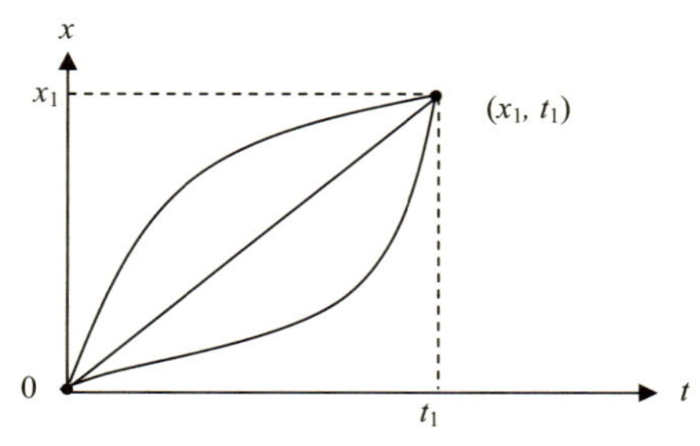

図 3-3　様々な運動に対応した $x-t$ 図：この中で等速度運動は直線となる。

試しに、ラグランジアンとして、速度 $v=dx/dt=x'$ を採用してみよう。

すると、作用積分は

$$I=\int_0^{t_1} L(x,x',t)\,dt=\int_0^{t_1} x'\,dt=\int_0^{t_1}\frac{dx}{dt}dt=\int_0^{x_1} dx=x_1$$

となり、常に一定となる。

これは、速度が変化しても、この積分の値は変わらないことを示している。これでは、作用積分を最小にするという操作は意味をなさない。そこで、つぎに、ラグランジアンとして $v^2=(x')^2$ を採用してみよう。

このとき

、

$$I=\int_0^{t_1} L(x,x',t)\,dt=\int_0^{t_1}(x')^2\,dt$$

となり、この積分値は経路によって変化することがわかる。

ここで、オイラー方程式は

$$\frac{\partial L(x,x')}{\partial x}-\frac{d}{dt}\left(\frac{\partial L(x,x')}{\partial x'}\right)=0$$

であったから

$$-\frac{d}{dt}(2x')=0 \quad \text{となり} \quad \frac{dx'}{dt}=\frac{d^2x}{dt^2}=0$$

という微分方程式がえられる。これが、目指すべきものかどうかを検証してみる。

t で積分すると、C_1 を任意定数として

$$\frac{dx}{dt}=C_1$$

となる。

さらに、t に関して積分すると

$$x(t)=C_1t+C_2$$

となる。C_2 も定数である。これが一般解となる。これに初期条件を入れて、定数項を求めていく。すると $x(0)=0$ より $C_2=0$ となる。つぎに、境界条件 $x(t_1)=x_1$ から $C_1=x_1/t_1=vt$ となり、結局

$$x(t)=\frac{x_1}{t_1}t=vt$$

となる。

これは、まさに等速度運動であり、力の働かない慣性系においては、ラグランジアンとして $v^2=(x')^2$ を採用すればよいことがわかる。

ところで、作用積分が最小になるという条件を導出するという観点では、ラグランジアンに定数をかけても、まったく同じ結果がえられる。したがって、定数の$(1/2)m$ を乗じた $(1/2)mv^2$、つまり運動エネルギー (kinetic energy) をラグランジアンとして採用してもよいことになる。

これは、慣性運動（力の働かない運動）においては、経路に沿った運動エネルギーの時間に関する積算（つまり作用）が最小になるような軌跡を描くということを意味している。結論として、物体は始点から終点までを一定の速度で運動することになる。

演習 3-2　1次元の運動を考える。$x=0$ にある質量 m[kg]の物体が、t_1[s]後に、$x=x_1$[m]の点に到達したとする。このとき、速度 $v=x_1/t_1$ [m/s]で運動する場合と、$t_1/2$[s]までは速度 $v+\Delta v$ [m/s] で、その後、t_1[s]まで速度 $v-\Delta v$ [m/s]で運動する場合の運動エネルギーの総和を計算せよ。

解）　まず、どのような運動を想定しているかを x-t 平面に示すと、図 3-4 のような直線経路と、直線よりも上側にずれた経路となる。

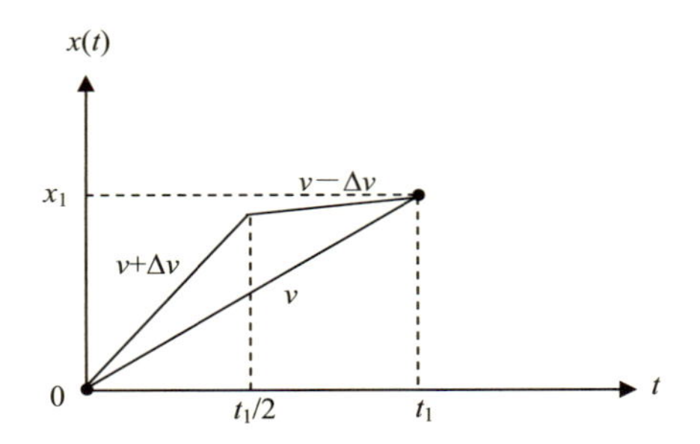

図 3-4　時間 t_1[s]の間を速度 v[m/s]で距離 x_1[m]まで到達する場合と、$t_1/2$[s]までは速度 $v+\Delta v$ [m/s] で、その後、t_1[s]まで速度 $v-\Delta v$ [m/s]で運動する場合の $x-t$ 図

まず、後者の場合の進む距離を確かめると

$$(v+\Delta v)\frac{t_1}{2}+(v-\Delta v)\frac{t_1}{2}=vt_1=x_1$$

となり、後者の場合でも、t_1[s]の間に距離 x_1[m]進むことがわかる。

ここで、運動エネルギーの総和を求める。等速で運動した場合は

$$I_1=\int_0^{t_1}\frac{1}{2}mv^2dt=\frac{1}{2}mv^2t_1$$

となる。

つぎに、速度が変化した場合

$$I_2=\int_0^{t_1/2}\frac{1}{2}m(v+\Delta v)^2dt+\int_{t_1/2}^{t_1}\frac{1}{2}m(v-\Delta v)^2dt=\frac{1}{4}m(v+\Delta v)^2t_1+\frac{1}{4}m(v-\Delta v)^2t_1$$

$$=\frac{1}{2}mv^2t_1+\frac{1}{2}m(\Delta v)^2t_1$$

となり、始点から終点までを一定速度 v[m/s]で運動した場合よりも、運動エネルギーの総和は$(1/2)m(\Delta v)^2t_1$だけ、値が大きくなることがわかる。

以上のように、運動エネルギーの時間に関する総和は、最初の速度である v からΔv だけずれると、それに応じて大きくなってしまう。

これを少し考えてみよう。始点から終点までの平均速度が同じならば、この移動にかかる時間は同じである。ここで、平均速度 v からのずれを前後半で、$\pm\Delta v$ とすると、図 3-5 のようになる。

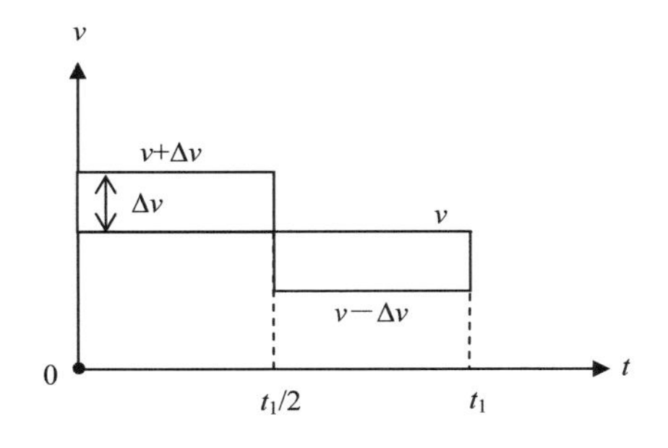

図 3-5　平均速度が v となる等速運動の 2 パターン

運動エネルギーの時間に関する積算は

$$I = \frac{1}{2}mv^2 t_1 + \frac{1}{2}m(\Delta v)^2 t_1$$

と与えられるから、$\Delta v \to 0$ のとき、作用積分 I は最小となる。これは、全行程に適用できるので、結果として、物体は等速 v で運動することを示している。

実は、最小作用の原理は、1747 年にフランスの数学者であるモーペルテュイ（P.L.M.Maupertuis）によって考えだされたものである。彼は、質量 m[kg]の物体の運動の軌跡は

$$I = \int mv^2 dt$$

という積分を最小にするものであることを提唱した。すなわち

$$\delta I = \delta \int mv^2 dt = 0$$

が条件となる。これは、まさに最小作用の原理において、ラグランジアンを運動エネルギーの 2 倍の $2T$ と置いたものである。

実は、この積分は、最小作用として直感でわかりやすい。運動エネルギー(T)を時間で積算したもの、つまり、エネルギー総消費量が最も小さくなる経路において、作用が最小となると考えればよいからである。ただし、停留（最小）値をとるという観点では、被積分関数は T, $2T$, $3T$ いずれでも構わない。ここでなぜ $2T$ なのかは、次章で説明する。

したがって、最小作用の原理の出発点は、作用積分が

$$I = \int 2T dt$$

のように、運動エネルギー（の 2 倍）を時間で積算したものであり、これが最小となる条件として

$$\delta I = \delta \int 2T dt = 0$$

が導かれたのである。

ここで、被積分関数である運動エネルギーを少し変形してみよう。$v = dx/dt$ であるから

$$\int mv^2 dt = \int mv\left(\frac{dx}{dt}\right)dt = \int mv dx$$

となり、運動量 ($mv=p$) の距離 (x)に関する積分となっている。これは、運動エネルギーの時間に関する積分と、運動量の距離に関する積分、つまり作用が

$$I = \int 2Tdt = \int pdx$$

のように等価となることを示している。この場合の最小作用の原理は

$$\delta \int pdx = 0$$

となる。

17 世紀ごろに、運動の勢いを示す指標として、運動エネルギーを採用すべきか、運動量を採用すべきかが議論になったことがある。結論からいえば、どちらを採用してもよいということになるが、整理すれば、運動エネルギー($T=(1/2)mv^2$)は力に距離をかけたもの($T = Fdx$)と等価であり、運動量($p=mv$)は、力に時間をかけたもの($p=Fdt$)と等価である。つまり、運動の勢いを、距離を指標にしたものが運動エネルギーであり、時間を指標にしたものが運動量となる。

ところで、作用としての対応関係をみれば

$$dI = Tdt = Fdxdt \qquad dI = pdx = Fdtdx$$

となり、等価であることもわかる。

つまり、作用とは、運動エネルギーを時間で積分、あるいは、運動量を距離で積分したものであり、同じ運動経路に対しては、いずれの場合も同じ結果を与えるのである。

3. 3.　ポテンシャル場での運動

それでは、ポテンシャルが存在し、物体に力が働く場合の運動では、最小作用の原理が、どのようになるかを考えてみよう。ここでは、例として、重力場を採用する。このとき、質量 m[kg]の物体には

$$F=mg \text{ [N]}$$

という力が下向きに働く。

この場合の総エネルギーは、運動エネルギー (T: kinetic energy)に位置エ

ネルギー(U: potential energy) を加えたものであり

$$E = T + U = \frac{1}{2}mv^2 + mgx$$

と与えられる。

モーペルテュイの提唱した最小作用の原理を基本に考えると、運動エネルギーに位置エネルギーを加えた総エネルギーを、最小作用積分の被積分関数とするのが妥当なように考えられるがどうであろうか。これならば、総エネルギーの消費を最小とする経路を物体は選んで運動すると考えればよいことになる。

結論からいうと、総エネルギーは残念ながらラグランジアンとしては使えない。なぜなら、**エネルギー保存則** (law of conservation of energy) により、$E = T + U$ の値は、どのような経路をとっても常に一定となるからである。つまり、運動エネルギーが減れば、位置エネルギーが増えるという相補的な関係にある。

それでは、どんな量をラグランジアンに採用すればよいのであろうか。

物体の運動において総エネルギー($E = T + U$)は一定に保たれている。よって、この和は変化しない。しかし、その成分である運動エネルギー (T) と位置エネルギー (U) は双方が変化しながら運動している。ここがポイントである。

その際、運動エネルギーだけが急激に変化したり、位置エネルギーだけが急激に変化することはありえず、両者のエネルギーバランスをとりながら物体は運動していると考えられる。

これを具体例で考えてみよう。図 3-6 に示すように、重力場では、高い位置にある物体は、位置エネルギー (U) が高い。この状態は、一般には不安定であり、より低い位置に移動しようとする。別の視点でみれば U が低い方向に力が働き、物体が移動するのである。このとき、力は

$$F = -\frac{dU}{dx}$$

という微分によって与えられる。負の符号がつくのは、ポテンシャル場では、U が高い方から低い方へと力が働くことに対応している。高所で物体を離すと地面に落下する現象は、U が低下して、より安定な状態に移行し

ようとする現象と捉えることもできる。

ところで、もし地面にあるほうが位置エネルギー (U)が低く、エネルギー的に安定というのであれば、物体は瞬時に高所から低所に移動したほうがエネルギー的に得をすると考えられるがどうであろうか。

実は、自然現象はそうはならない。その理由は簡単で、高速の移動には運動エネルギー (T) の増加を伴うからである。つまり、移動時間が短いと、$T = (1/2)mv^2$ の速度成分 v が大きくなり、運動エネルギーの急激な上昇を招く。

よって、エネルギーバランスでみると、位置エネルギーでは得をしても、運動エネルギーの項で損をすることになる。

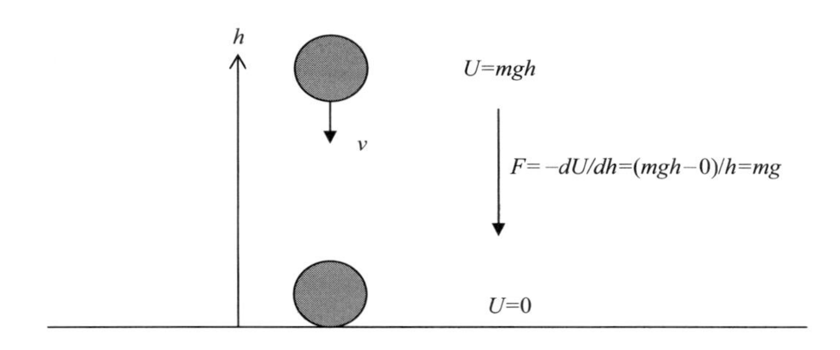

図 3-6　高い位置にある物体は、位置エネルギー（U）が大きい。よって、低い位置に移動しようとする。しかし、瞬時に移動すると、運動エネルギーT=(1/2)mv^2 が無限大になるため、有限の時間で移動する。そして、この時間は、これらエネルギーバランスによって決まる。それがちょうど $L = T - U$ の積分を最小にする経路となる。

したがって、エネルギーバランスを考えると、両者の差である $T-U$ が、大きくならないような経路に沿って、物体は移動すると考えられるのである。（より具体的な導出は次章の「仮想仕事の原理」で行う。）つまり、$T-U$ が、ポテンシャル(U)のもとでの運動におけるラグランジアン L となるのである。

実は、自然界には、「すべての現象は急激な変化を嫌う」という基本法則がある。そのひとつの例が、電磁誘導におけるレンツの法則 (Lentz law in electrodynamics) である。金属などの導体に磁石を近づけると、導体に電流が誘導される。このとき、誘導される電流は、急激な変化を妨げるように誘導される。すなわち、磁石を近づけると、それを妨げる向きに電流は流れるのである。具体的には、磁石の N 極を金属に近づけると、金属表面には N 極が対向するような向きに電流が誘導される。

同様にして、動いている物体は急には止まれないし、車は直角には曲がれずに、必ず大回りする。状態が変化する場合も、必ず、緩和時間と呼ばれる有限の時間が必要となる。

ポテンシャル場におけるラグランジアンが $L=T-U$ となるのも、自然は急激な変化を嫌うという法則を反映し、T と U のバランスがくずれないように、つまり、どちらかが急激に上昇あるいは減少することがないように、その差の積算を最小にするような経路を選ぶと考えられるのである。

演習 3-3　ばねにつながれた質量 m[kg]の物体の運動をラグランジアンを用いて解析し、運動に対応した微分方程式を導出せよ。ただし、ばね定数を k [N/m]とする。

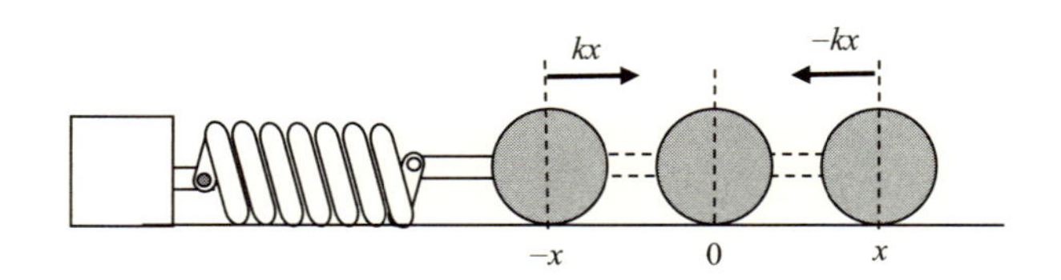

図 3-7　ばねの運動

解）　平衡点($x = 0$[m])からの変位を x [m]とすると、運動エネルギーは

$$T = \frac{1}{2}m(x')^2$$

となる。ただし、$x' = dx/dt$ である。つぎに、ばねに働く力はフックの法則によれば、$F=-kx$ であるから、ポテンシャルエネルギーは

$$U = -\int F dx = \frac{1}{2}kx^2$$

となる。したがって、ラングランジアンは

$$L = T - U = \frac{1}{2}m(x')^2 - \frac{1}{2}kx^2$$

となる。

ここで、オイラー方程式は

$$\frac{\partial L(x,x')}{\partial x} - \frac{d}{dt}\left(\frac{\partial L(x,x')}{\partial x'}\right) = 0$$

であったから

$$-kx - \frac{d}{dt}\{m(x')\} = 0$$

となり

$$m\frac{d^2x}{dt^2} = -kx$$

という微分方程式がえられる。

これは、まさに単振動に対応した微分方程式であり、この方程式を解法して、初期条件を入れれば、運動の様子が解析できる。

3.4. ラグランジュの運動方程式

力が働く場における物体の運動に変分法を適用すると、その被積分関数は、$L=T-U$ となり、ラグランジアンと呼ばれる。この積分汎関数（作用積分）が極値をとるという条件であるオイラー方程式を適用すると

$$\frac{\partial L}{\partial x} - \frac{d}{dt}\left(\frac{\partial L}{\partial x'}\right) = 0$$

となる。

項を入れかえると

$$\frac{d}{dt}\left(\frac{\partial L}{\partial x'}\right) - \frac{\partial L}{\partial x} = 0$$

となるが、この式を**ラグランジュの運動方程式** (Lagrange's equation of motion) と呼んでいる。もちろん、オイラー方程式と呼んでもよいし、オイ

ラー・ラグランジュ方程式 (Euler-Lagrange equation)、さらには、単に、ラグランジュ方程式 (Lagrange's equation) と呼ぶこともある。そして、すでに紹介したように、この式を変形すると、ニュートンの運動方程式 (Newton's equation of motion) が導かれる。

もちろん、一般の物体の運動は 3 次元空間で生じるので、ラグランジュの運動方程式は

$$\frac{d}{dt}\left(\frac{\partial L}{\partial x'}\right)-\frac{\partial L}{\partial x}=0 \qquad \frac{d}{dt}\left(\frac{\partial L}{\partial y'}\right)-\frac{\partial L}{\partial y}=0 \qquad \frac{d}{dt}\left(\frac{\partial L}{\partial z'}\right)-\frac{\partial L}{\partial z}=0$$

の 3 個が必要となる。

これは、3 次元空間の運動では、$x = x(t), y = y(t), z = z(t)$ のように、3 方向の時間変化を求めないと、物体の運動を記述できないからである。この 3 のことを自由度 (degree of freedom) と呼んでいる。

3. 4. 1. 放物運動

ここで、方程式が複数必要な例として**放物運動** (parabolic motion)を取り上げてみよう。質量が m[kg]のボールを地面から斜め上方向に投げ上げる場合の運動である。ただし、空気抵抗はないものとする。また、重力加速度を g[m/s^2]とする。2 次元の運動であるので、水平方向の $x = x(t)$と、鉛直方向の $y = y(t)$ の 2 方向の時間変化を求める必要がある。

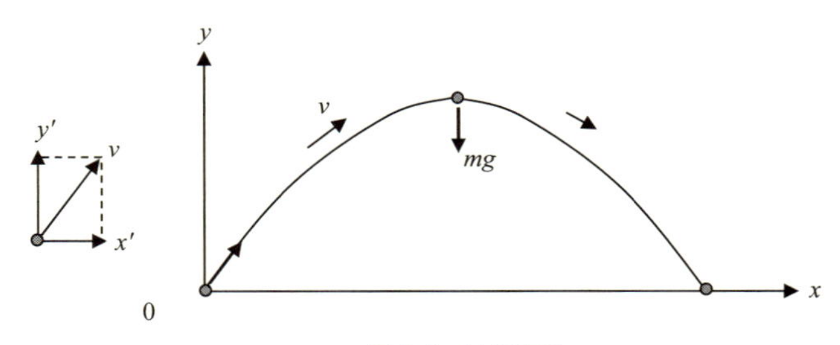

図 3-8　放物運動

さて、この運動のラグランジアンを考えてみよう。それは

$$L = T - U = \frac{1}{2}mv^2 - mgy = \frac{1}{2}m(x')^2 + \frac{1}{2}m(y')^2 - mgy$$

と与えられる。ここで、x 方向でのラグランジュの運動方程式は

$$\frac{d}{dt}\left(\frac{\partial L}{\partial x'}\right)-\frac{\partial L}{\partial x}=0$$

から

$$\frac{d}{dt}(mx')=0 \qquad \frac{d^2x}{dt^2}=0$$

となり、y 方向のラグランジュの運動程式は

$$\frac{d}{dt}\left(\frac{\partial L}{\partial y'}\right)-\frac{\partial L}{\partial y}=0$$

から

$$\frac{d}{dt}(my')+mg=0 \qquad \frac{d^2y}{dt^2}=-g$$

となる。

　後は、初期条件を与えて、これら微分方程式を解法すれば、運動の軌道を計算することが可能となる。

演習 3-4　質量が m[kg]のボールを地面から仰角 θ[rad]　$(0 \le \theta \le \pi/2)$、初速 v_0 [m/s] で投げ上げる場合の放物運動の速度と軌道を解析せよ。ただし、空気抵抗はないものとし、重力加速度を g[m/s^2]とする。

解）　x 方向の微分方程式は

$$\frac{d^2x}{dt^2}=0$$

となる。これは、加速度が 0 となることを意味し、速度は変化しないことになる。ここで、x 方向の初速は $v_0\cos\theta$[m/s] であるが、速度が一定であることから

$$\frac{dx}{dt}=v_0\cos\theta \qquad \text{となり} \qquad x(t)=(v_0\cos\theta)t$$

と与えられる。

　一方、y 方向の微分方程式は

$$\frac{d^2y}{dt^2} = -g$$

となり、等加速度運動となる。初速が $v_0\sin\theta$[m/s] であるから、速度は

$$v_y(t) = \frac{dy}{dt} = -gt + v_0\sin\theta$$

となる。また、$t = 0$[s]での高さは $y = 0$[m]なので

$$y(t) = \int(-gt + v_0\sin\theta)dt = -\frac{1}{2}gt^2 + (v_0\sin\theta)t$$

となる。

したがって、この放物運動の速度ベクトルと位置ベクトルは

$$\vec{\boldsymbol{v}} = \begin{pmatrix} v_0\cos\theta \\ -gt + v_0\sin\theta \end{pmatrix} \qquad \vec{\boldsymbol{r}} = \begin{pmatrix} (v_0\cos\theta)t \\ -(1/2)gt^2 + (v_0\sin\theta)t \end{pmatrix}$$

と与えられる。

ここで、ラグランジュの運動方程式の利点に気づいたであろうか。まず、ラグランジアン L はスカラー (scalar) であるので、方向性を持たないという点である。

いまの場合、2 次元の運動を考えたが、3 次元の運動の場合でも同様である。そして、いったん、L がわかれば、あとは、同じかたちの微分方程式を x, y, z 成分ごとに計算すればよいことになる。後ほど説明するが、実は、直交座標系だけでなく、他の座標系においても、まったく同様の取り扱いが可能となるのである。

例えば、2 次元の直交座標では

$$\frac{d}{dt}\left(\frac{\partial L}{\partial x'}\right) - \frac{\partial L}{\partial x} = 0 \qquad \frac{d}{dt}\left(\frac{\partial L}{\partial y'}\right) - \frac{\partial L}{\partial y} = 0$$

となるが、2 次元の極座標(r, θ)系では

$$\frac{d}{dt}\left(\frac{\partial L}{\partial r'}\right) - \frac{\partial L}{\partial r} = 0 \qquad \frac{d}{dt}\left(\frac{\partial L}{\partial \theta'}\right) - \frac{\partial L}{\partial \theta} = 0$$

となる。さらに 3 次元の極座標(r, θ, ϕ) 系では

$$\frac{d}{dt}\left(\frac{\partial L}{\partial r'}\right) - \frac{\partial L}{\partial r} = 0 \qquad \frac{d}{dt}\left(\frac{\partial L}{\partial \theta'}\right) - \frac{\partial L}{\partial \theta} = 0 \quad \frac{d}{dt}\left(\frac{\partial L}{\partial \phi'}\right) - \frac{\partial L}{\partial \phi} = 0$$

となるのである。この汎用性の高さが、解析力学の大きな利点となっている。

3. 4. 2.　単振り子

ひもの先端に**錘り** (weight) をつけて、他端を固定し、鉛直面内で振らせる振り子を**単振り子** (simple pendulum) と呼ぶ。錘りは支点を中心とし、半径をひもの長さとした円周上を運動するから、基本的には円周に沿った 1 次元の運動となるはずである。

ここで図 3-9 に示したように、点 O に固定された長さ ℓ [m]のひもの先に質量 m[kg]のおもり P をつるしたとしよう。このとき、重力加速度を g[m/s^2]とすると、錘りには鉛直下向き方向に mg [N]の力が働くことになる。

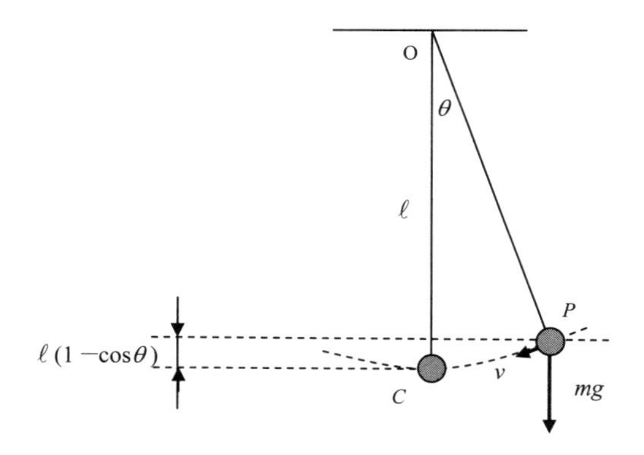

図 3-9　単振り子運動

ここで、錘りが中心角 θ [rad] だけ中心 C から離れた状態を考える。ここで、弧 CP の長さを s [m] とすると

$$s = \ell\theta$$

となる。したがって、この錘りの速さは

$$v = \frac{ds}{dt} = \ell\frac{d\theta}{dt} = \ell\theta'$$

と与えられる。

よって、運動エネルギーは

$$T = \frac{1}{2}mv^2 = \frac{1}{2}m\ell^2(\theta')^2$$

となる。つぎに、この錘りの位置エネルギーについて考えてみよう。最下点である点 C に対して、この錘りは

$$U = mg\ell(1-\cos\theta)$$

だけ高い位置エネルギーを有する。したがって、ラグランジアンは

$$L = T - U = \frac{1}{2}m\ell^2(\theta')^2 - mg\ell(1-\cos\theta)$$

となる。

このとき、$L = L(\theta, \theta')$ のように、ラグランジアンは θ と θ' の関数となっている。直交座標が変数ではないが、解析力学では、まったく同様の扱いが可能であり、ラグランジュの運動方程式は

$$\frac{d}{dt}\left(\frac{\partial L}{\partial \theta'}\right) - \frac{\partial L}{\partial \theta} = 0$$

から

$$\frac{d}{dt}(m\ell^2\theta') + mg\ell\sin\theta = 0$$

となり、整理すると

$$\frac{d^2\theta}{dt} = -\frac{g}{\ell}\sin\theta$$

となる。

これは、ニュートン力学で求めた単振り子の運動方程式[1]と同じものである。

3. 4. 3.　惑星運動

それでは、惑星運動のラグランジアンを考えてみよう。質量が M[kg]の太陽のまわりを質量 m[kg]の地球が運動していることを考える。このとき、地球は太陽のまわりを、図 3-10 に示すように、中心力 F を受けながら、ある

[1] 単振り子の運動方程式については、拙著『なるほど力学』（第 6 章）を参照していただきたい。

軌道にそって回転運動をする。

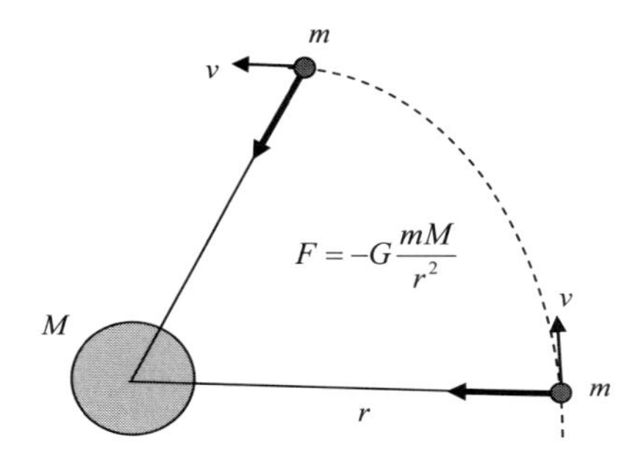

図 3-10　惑星運動

回転であるので、**直交座標** (rectangular coordinates)よりも、**極座標** (polar coordinates)のほうが、取り扱いが便利である。

ここで、これら座標の変換

$$\vec{\boldsymbol{r}} = \begin{pmatrix} x \\ y \end{pmatrix} \quad \rightarrow \quad \vec{\boldsymbol{r}}_p = \begin{pmatrix} r \\ \theta \end{pmatrix}$$

を考える。これら座標系には

$$\begin{cases} x = r\cos\theta \\ y = r\sin\theta \end{cases} \quad \text{あるいは} \quad \begin{cases} r = \sqrt{x^2 + y^2} \\ \theta = \tan^{-1}\left(\dfrac{y}{x}\right) \end{cases}$$

という関係がある（図 3-11 参照）。

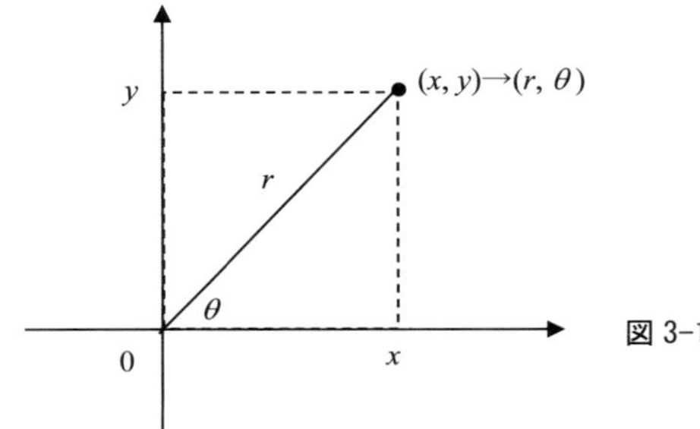

図 3-11 直交座標と極座標

この関係を利用して、直交座標の速度である dx/dt および dy/dt を、極座標に変換してみよう。すると

$$\frac{dx}{dt}=\frac{dr}{dt}\cos\theta+r\frac{d(\cos\theta)}{dt}=\frac{dr}{dt}\cos\theta+r\frac{d(\cos\theta)}{d\theta}\frac{d\theta}{dt}$$

$$=\frac{dr}{dt}\cos\theta-r\sin\theta\frac{d\theta}{dt}$$

$$\frac{dy}{dt}=\frac{dr}{dt}\sin\theta+r\frac{d(\sin\theta)}{dt}=\frac{dr}{dt}\sin\theta+r\frac{d(\sin\theta)}{d\theta}\frac{d\theta}{dt}$$

$$=\frac{dr}{dt}\sin\theta+r\cos\theta\frac{d\theta}{dt}$$

と変換できる。

演習 3-5 惑星運動における運動エネルギーおよび位置エネルギーを極座標を用いて示し、ラグランジアンを求めよ。

解) 惑星の回転軌道の速度 v は x 成分 v_x および y 成分 v_y によって示すと

$$v=\sqrt{{v_x}^2+{v_y}^2}=\sqrt{\left(\frac{dx}{dt}\right)^2+\left(\frac{dy}{dt}\right)^2}$$

となる。よって

$$v^2=\left(\frac{dx}{dt}\right)^2+\left(\frac{dy}{dt}\right)^2$$

となる。それぞれを極座標で示すと

$$\left(\frac{dx}{dt}\right)^2=\left(\frac{dr}{dt}\cos\theta-r\sin\theta\frac{d\theta}{dt}\right)^2$$

$$=\left(\frac{dr}{dt}\right)^2\cos^2\theta-2r\sin\theta\cos\theta\left(\frac{dr}{dt}\right)\left(\frac{d\theta}{dt}\right)+r^2\sin^2\theta\left(\frac{d\theta}{dt}\right)^2$$

$$\left(\frac{dy}{dt}\right)^2=\left(\frac{dr}{dt}\sin\theta+r\cos\theta\frac{d\theta}{dt}\right)^2$$

$$= \left(\frac{dr}{dt}\right)^2 \sin^2\theta + 2r\sin\theta\cos\theta\left(\frac{dr}{dt}\right)\left(\frac{d\theta}{dt}\right) + r^2\cos^2\theta\left(\frac{d\theta}{dt}\right)^2$$

から

$$v^2 = \left(\frac{dx}{dt}\right)^2 + \left(\frac{dy}{dt}\right)^2 = \left(\frac{dr}{dt}\right)^2 + r^2\left(\frac{d\theta}{dt}\right)^2 = (r')^2 + r^2(\theta')^2$$

となる。

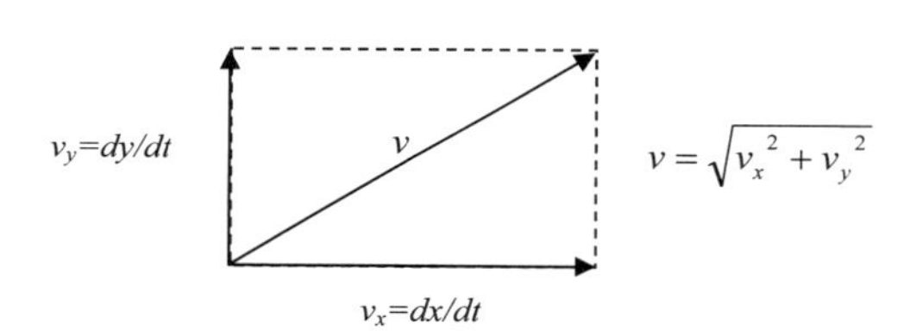

図 3-12　速度ベクトルの大きさと x, y 成分の関係

よって、惑星運動の運動エネルギー（T）は、極座標では

$$T = \frac{1}{2}mv^2 = \frac{1}{2}m\{(r')^2 + r^2(\theta')^2\}$$

と与えられることになる。

つぎに、万有引力定数を G と置くと、地球と太陽の間に働く力は

$$F = -G\frac{mM}{r^2}$$

と与えられる。負の符号は引力であることに対応する。よって、ポテンシャルエネルギー(U)は

$$U = -\int F dr = G\int \frac{mM}{r^2} dr = -G\frac{mM}{r}$$

となる。

したがって、惑星運動に対応したラグランジアンは

$$L = T - U = \frac{1}{2}m\{(r')^2 + r^2(\theta')^2\} + G\frac{mM}{r}$$

となる。

ここで注意すべきは、動径の r と、角度の θ が

$$r = r(t) \qquad \theta = \theta(t)$$

のように時間 t の関数として与えられるという点である。つまり、r と θ の時間変化がわかれば、惑星運動の軌道がわかることになる。そして、ラグランジアンは

$$L = L(r, r', \theta, \theta')$$

となり、ラグランジュの運動方程式は r と θ について、それぞれ求める必要がある。つまり

$$\frac{d}{dt}\left(\frac{\partial L}{\partial r'}\right) - \frac{\partial L}{\partial r} = 0 \qquad \frac{d}{dt}\left(\frac{\partial L}{\partial \theta'}\right) - \frac{\partial L}{\partial \theta} = 0$$

の 2 個となる。

演習 3-6 ラグランジアンとオイラー方程式を利用して、惑星運動に関する運動方程式を求めよ。

解） ラグランジアンは $L = \dfrac{1}{2}m\{(r')^2 + r^2(\theta')^2\} + G\dfrac{mM}{r}$ であるから

$$\frac{\partial L}{\partial r'} = mr' \qquad \frac{\partial L}{\partial r} = mr(\theta')^2 - G\frac{mM}{r^2}$$

となり、$\dfrac{d}{dt}\left(\dfrac{\partial L}{\partial r'}\right) - \dfrac{\partial L}{\partial r} = 0$ に代入すると $m\dfrac{dr'}{dt} = mr(\theta')^2 - G\dfrac{mM}{r^2}$ から r 方向の運動方程式は

$$m\frac{d^2 r}{dt^2} = mr(\theta')^2 - G\frac{mM}{r^2}$$

となる。つぎに

$$\frac{\partial L}{\partial \theta'} = mr^2\theta' \qquad \frac{\partial L}{\partial \theta} = 0$$

となり、$\dfrac{d}{dt}\left(\dfrac{\partial L}{\partial \theta'}\right) - \dfrac{\partial L}{\partial \theta} = 0$ に代入すると、θ 方向の運動方程式は

$$mr^2\frac{d^2\theta}{dt^2} = 0$$

となる。

以上が、惑星運動の方程式であり、ラグランジュ方程式によっても、ニュートン力学から求めたものと、まったく同様の結果がえられる。

さらに、θ方向の運動方程式から

$$r^2 \frac{d^2\theta}{dt^2} = 0 \qquad r^2 \frac{d\theta}{dt} = r^2\omega = const.$$

となることがわかる。ただし、ωは角速度である。これは、$r^2\omega$が一定ということを意味し、ケプラーの第2法則[2]である「惑星運動では、面積速度が一定」ということに対応する。

---

[2]ケプラーの第2法則については、拙著『なるほど力学』（第7章）を参照していただきたい。

第 4 章　仮想仕事の原理

前章では、なぜラグランジアンが $L=T-U$ となるのかの理由を定性的に説明し、その力学問題への適用例を紹介した。本章では、仮想仕事の原理(principle of virtual work)とダランベールの原理(d'Alembert's principle)を利用して、ラグランジアンが $L=T-U$ となることを、より解析的に説明する。そのために、まず、仮想仕事の原理とダランベールの原理を紹介する。

4.1.　力のつりあい

ある物体に、3 個の力ベクトルが作用し、物体は静止しているものとする。このとき、これら力ベクトルの間には

$$\vec{F}_1+\vec{F}_2+\vec{F}_3=0$$

という関係が成立する。力ベクトルが 4 個、5 個と増えても同様である。この様子を 3 個のベクトルの場合で図示すると、以下のようになる。

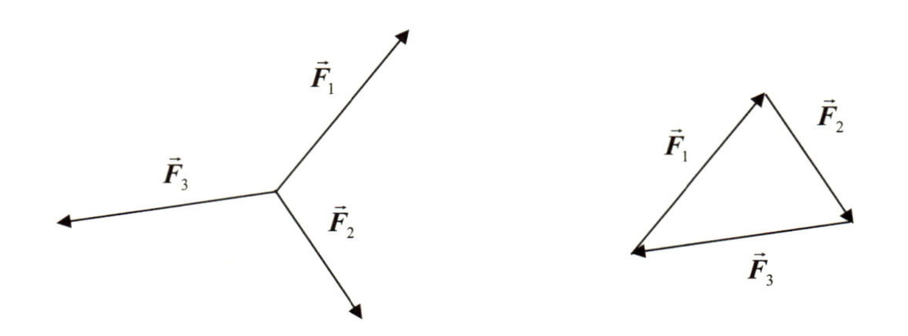

図 4-1　物体が静止している場合、それに働く力ベクトルの和はゼロとなる。

演習 4-1　ベクトル $\vec{F}_1 = (F_{1x}, F_{1y}, F_{1z})$, $\vec{F}_2 = (F_{2x}, F_{2y}, F_{2z})$, $\vec{F}_3 = (F_{3x}, F_{3y}, F_{3z})$ の和がゼロになるときの成分どうしの関係を示せ。

解）

$$\vec{F}_1 + \vec{F}_2 + \vec{F}_3 = \begin{pmatrix} F_{1x} \\ F_{1y} \\ F_{1z} \end{pmatrix} + \begin{pmatrix} F_{2x} \\ F_{2y} \\ F_{2z} \end{pmatrix} + \begin{pmatrix} F_{3x} \\ F_{3y} \\ F_{3z} \end{pmatrix} = \begin{pmatrix} F_{1x} + F_{2x} + F_{3x} \\ F_{1y} + F_{2y} + F_{3y} \\ F_{1z} + F_{2z} + F_{3z} \end{pmatrix} = \begin{pmatrix} 0 \\ 0 \\ 0 \end{pmatrix}$$

から

$$F_{1x} + F_{2x} + F_{3x} = 0 \qquad F_{1y} + F_{2y} + F_{3y} = 0 \qquad F_{1z} + F_{2z} + F_{3z} = 0$$

となる。

演習 4-2　ベクトル $\vec{F}_1 = (1, 4, 2)$, $\vec{F}_2 = (-4, 6, -9)$ のとき $\vec{F}_1 + \vec{F}_2 + \vec{F}_3 = 0$ を満足するベクトル $\vec{F}_3 = (F_{3x}, F_{3y}, F_{3z})$ を求めよ。

解）　成分どうしの条件は

$$1 - 4 + F_{3x} = 0 \qquad 4 + 6 + F_{3y} = 0 \qquad 2 - 9 + F_{3z} = 0$$

となる。よって、求めるベクトルは $\vec{F}_3 = (3, -10, 7)$ となる。

もし、これらベクトルの和がゼロでなければ、物体の質量を m とすると

$$\vec{F}_1 + \vec{F}_2 + \vec{F}_3 = m\frac{d^2\vec{r}}{dt^2}$$

という運動方程式にしたがって、力の合成ベクトルの方向に物体は運動する。

ところで、この力ベクトルと、任意の位置ベクトルとの内積をとれば、必ず

$$(\vec{F}_1 + \vec{F}_2 + \vec{F}_3) \cdot \vec{r} = \vec{F}_1 \cdot \vec{r} + \vec{F}_2 \cdot \vec{r} + \vec{F}_3 \cdot \vec{r} = 0$$

という関係が成立する。左辺の第 1 項の力ベクトルの和がゼロであるから、当たり前のことである。つまり、力のつり合いが保障されるならば、この物体がどの方向に動こうとも、力ベクトルと距離ベクトルの内積はゼロとなる。ただし、あくまでも、力のつり合いがとれている場合である。

演習 4-3　ベクトル$\vec{F}_1 = (1, 4, 2)$，$\vec{F}_2 = (-4, 6, -9)$，$\vec{F}_3 = (3, -10, 7)$と位置ベクトル$\vec{r} = (r_x, r_y, r_z)$それぞれの内積をとり、その和を求めよ。

解）

$$\vec{F}_1 \cdot \vec{r} = r_x + 4r_y + 2r_z \qquad \vec{F}_2 \cdot \vec{r} = -4r_x + 6r_y - 9r_z \qquad \vec{F}_3 = 3r_x - 10r_y + 7r_z$$

から

$$\vec{F}_1 \cdot \vec{r} + \vec{F}_2 \cdot \vec{r} + \vec{F}_3 \cdot \vec{r} = r_x + 4r_y + 2r_z - 4r_x + 6r_y - 9r_z + 3r_x - 10r_y + 7r_z$$

$$= (1-4+3)r_x + (4+6-10)r_y + (2-9+7)r_z = 0$$

となる。

ここで、この力のつり合いが保たれるような微小な**仮想変位** (virtual displacement) を考える。有限の変位では力のバランスはくずれるが、それが生じないような微小変位を仮定するのである。ここで、この微小変位を$\delta\vec{r}$としよう。dではなく、δを使うのは、仮想の変位であるので、実際の微小変位と区別するための慣例である。そのうえで、力ベクトルと変位ベクトルの内積をとると

$$\vec{F}_1 \cdot \delta\vec{r} + \vec{F}_2 \cdot \delta\vec{r} + \vec{F}_3 \cdot \delta\vec{r} = 0$$

という関係がえられる。

この左辺は、力ベクトルと距離ベクトルの内積であるから、その単位は仕事となっている。よって

$$\delta W = \vec{F}_1 \cdot \delta\vec{r} + \vec{F}_2 \cdot \delta\vec{r} + \vec{F}_3 \cdot \delta\vec{r} = 0$$

と表記することができる。この関係は、「力の釣り合いのとれた状態にある静止物体を、わずかに変位させた時の仕事はゼロとなる」といい換えることもできる。これが**仮想仕事の原理** (principle of virtual work) である。

しかし、この表現はなかなかわかりにくいし、仮想であるので、物理的な描像も描きにくい。そこで、ここでは、この原理を少し別な視点から眺めてみよう。

まず、仕事はエネルギーと等価である。例えば、重力下での位置エネル

ギー（ポテンシャルエネルギー）U[J]は、重力 $F=-mg$[N]に逆らって、高さ h[m]まで物体を持ち上げるのに要する仕事であった。よって

$$U=-Fh=mgh \qquad \text{単位は} \qquad [\mathrm{J}]=[\mathrm{Nm}]$$

と与えられる。このように、仕事とポテンシャルエネルギーが等価であると考えると、仮想仕事の原理は、力のつりあいがとれている点では

$$\delta W=-\delta U=0$$

となることを意味している。

ところで、$\delta U=0$ は、図 4-2 に示すように、ポテンシャルエネルギーが極値をとる条件である。（極大もあるが、ここでは極小とする）このとき、この点から物体を移動させようとすると、復元力が働き、もとの位置に戻ろうとする。いわゆる $\delta U=0$ となる位置は安定点（静止点）となるのである。

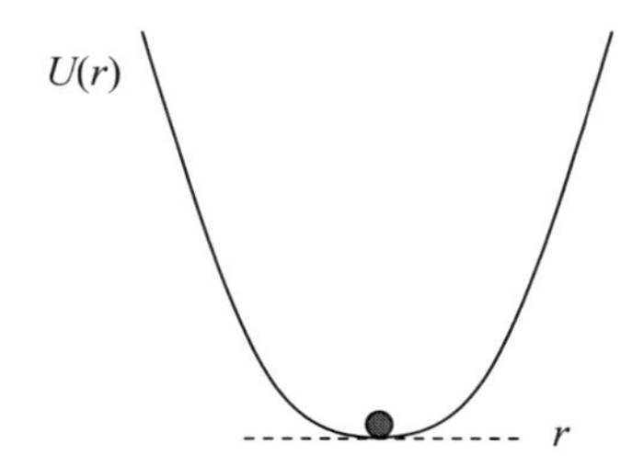

図 4-2　ポテンシャル場において、$\delta U=0$ となるのは、U が極値をとる条件である。

ここで、復元力ということを明確にするために、図 4-1 のベクトルの配置を変えて、図 4-3 のように表記してみよう。こうすれば、静止位置には復元力が働き安定点となることがわかる。

つまり、仕事をポテンシャルエネルギーと等価とみなすと、仮想仕事の原理は、力が釣り合う点（つまり力ベクトルの和が 0 となる点）は、ポテンシャルエネルギーが極小値をとる点であり、どの方向に微小変位させても $\delta U=0$ 、すなわち、$\delta W=0$ となるのである。

この対応関係をもう少し見てみよう。まず、ポテンシャル U と力 F の関係は、r を変位とすると

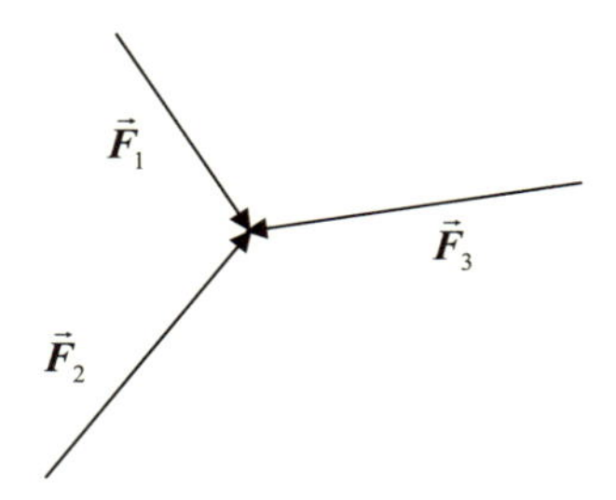

図 4-3　図 4-1 に示した力ベクトルを復元力として再配置した図：このように考えれば、この物体が静止している点、すなわち、安定点から移動しようとすると、もとの位置に戻そうとする復元力が働くとみなすことができる。

$$F = -\frac{dU}{dr}$$

と与えられる。負の符号がつくのは、力はポテンシャルエネルギーが減る向きに働くことに対応している。

ただし、U はスカラーであり、F, r はベクトルであるから 3 次元空間での成分で示せば

$$F_x = -\frac{\partial U(x,y,z)}{\partial x} \qquad F_y = -\frac{\partial U(x,y,z)}{\partial y} \qquad F_z = -\frac{\partial U(x,y,z)}{\partial z}$$

となり

$$dU = -\vec{\boldsymbol{F}} \cdot d\vec{\boldsymbol{r}} = -(F_x \ F_y \ F_z)\begin{pmatrix} dx \\ dy \\ dz \end{pmatrix} = -(F_x dx + F_y dy + F_z dz)$$

となる。あるいは、$U(x,y,z)$の全微分を考えると

$$dU = \frac{\partial U}{\partial x}dx + \frac{\partial U}{\partial y}dy + \frac{\partial U}{\partial x}dz$$

となるが、U を変位で微分したものは力となるので

$$dU = -F_x dx - F_y dy - F_z dz$$

としてもよい。

つまり、仮想仕事とは、仮想変位によるポテンシャルエネルギーの変化と等価であり、仮想仕事がゼロということは、ポテンシャルエネルギーが極小値をとるということに対応するのである。

4. 2.　静力学への応用

仮想仕事の原理が重用されるのは、複数の力が働いている物体の安定性（静止する条件）を求めるのに威力を発揮するからである。

つまり、「安定点では仮想仕事がゼロとなる」が、逆に、「仮想仕事がゼロとなるという条件から、物体の静止する位置（あるいは物体の安定した状態）を求める」ことができる。これが効用である。

それでは、具体例で見てみよう。図 4-4 のように、質量が M [kg]と m[kg]の物体が、ある支点で支えられた棒の両端につけられ、静止した状態にあるとしよう。

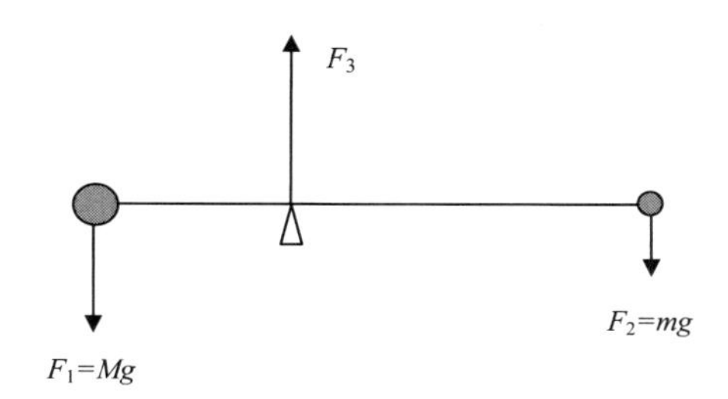

図 4-4　両端に異なる質量の物体を固定した天秤のつり合い

この場合の静止するための条件を求めてみよう。まず、力のつり合いから、支点に働く力は

$$F_3 = F_1 + F_2 = (M + m)g$$

となる。

問題は、静止するときの、支点から物体までの距離である。これをそれぞれ ℓ_1 [m]および ℓ_2 [m]とする。ここで、仮想仕事の原理を利用して、これら長さの比を求めよう。この静止状態から、図 4-5 のように、反時計まわりに、わずかな角度 $\delta\theta$ だけ傾けたとしよう。

すると支点は変位せずに、物体 1 と 2 がそれぞれ $\ell_1\,\delta\theta$ および $\ell_2\,\delta\theta$ だけ、下方と上方に変位することになる。このときの仮想仕事は

$$\delta W = -F_1 \cdot \ell_1 \delta\theta + F_2 \cdot \ell_2 \delta\theta + F_3 \cdot 0$$

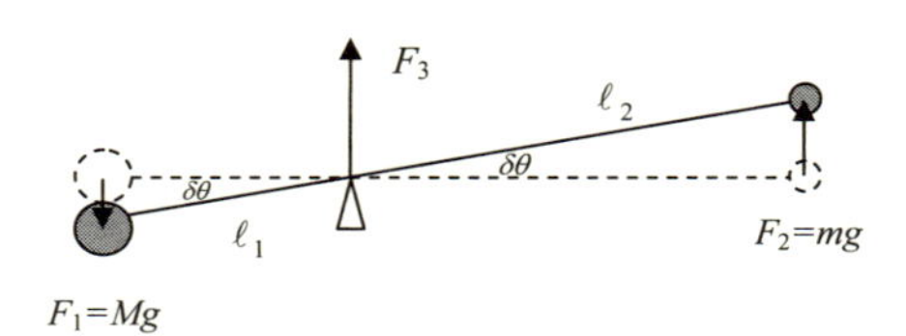

図 4-5　力のつり合いの位置から、わずかに変位させた場合

と与えられるが、力のつりあった静止点では、これが 0 となることから

$$-F_1\ell_1\delta\theta+F_2\ell_2\delta\theta=(-F_1\ell_1+F_2\ell_2)\delta\theta=0$$

より

$$F_1\ell_1=F_2\ell_2 \qquad Mg\ell_1=mg\ell_2$$

から

$$\frac{\ell_1}{\ell_2}=\frac{m}{M}$$

という関係がえられる。

これは、有名なてこの法則 (lever rule) である。このように、仮想仕事がゼロになるという条件から、安定点（静止位置）を求めることが可能となる。これが「仮想仕事の原理」の効用である。

演習 4-4　図 4-6 のように、質量 m[kg]の物体が長さ ℓ [m]のひもでぶら下げられている。このとき、この物体は q[C]の電荷を有するものとする。図の左方向から右方向に均一な電場 E [V/m]が印加されている際の、物体の静止位置を求めよ。

解）　物体の静止点が、鉛直方向から θ だけ傾いた点としよう。このとき、物体に働く力は、鉛直下方に重力 $F_1=-mg$ [N]と、水平右方向に電気力 $F_2=qE$ [N]、さらにひもの方向に張力 F_3 [N]が働いている。

仮想仕事の原理から、この θ を求めよう。ここで、この物体が微小角度 $\delta\theta$ だけ変位したとしよう。このときの変位は図 4-7 のようになる。

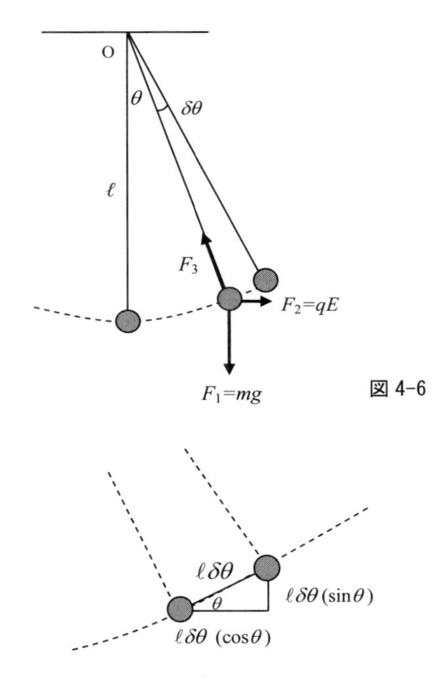

図 4-6

図 4-7　仮想変位：θ が微小角度 $\delta\theta$ だけ仮想変位したときの、水平方向および垂直方向の変位

この仮想変位をもとに、仮想仕事を求めてみよう。ここで、ひもの張力 F_3 [N]は、変位に常に直交しているので、仕事はしない。重力 F_1[N]に関しては、鉛直上方に $\ell\delta\theta(\sin\theta)$ [m]だけ変位する。つぎに、電気力 F_2[N]に関しては、水平右方向に $\ell\delta\theta(\cos\theta)$ [m]だけ変位する。したがって仮想仕事 dW [J]は

$$dW = F_1\ell\delta\theta(\sin\theta) + F_2\ell\delta\theta(\cos\theta)$$

となる。静止位置では、この仮想仕事が 0 となるから

$$-mg\sin\theta + qE\cos\theta = 0$$

が条件となり

$$\tan\theta = \frac{qE}{mg} \qquad より \qquad \theta = \tan^{-1}\left(\frac{qE}{mg}\right)$$

と与えられる。

ここで、単振り子の錘りには、張力(tensional force) F_3[N]も働いているが、この力は、仮想変位に対して垂直であるため仕事をしない。このため、仮想仕事には入ってこない。このような力を束縛力 (constraint force) と呼んでいる。

例えば、単振り子の場合には、物体がひもで吊り下げられているため、その運動は半径 ℓ [m]の円周上に束縛されている。したがって、張力のことを束縛力と呼ぶのである。この際の束縛条件 (constraint condition) は、ひもの結ばれている点を原点にとると、直交座標系の(x, y) では

$$x^2 + y^2 = \ell^2$$

と、また、極座標系の(r, θ) では

$$r = \ell$$

と与えられる。

物体が坂を降下する際に、この物体は坂から垂直抗力を受けている。しかし、この抗力は、変位に対して常に直交しているので、仕事をしないことになる。一方、物体を坂の上に束縛しているので、束縛力とも呼ばれるのである。

演習 4-4 では、仮想仕事に入ってこないため、束縛力を F_3[N]としているが、力のつりあいから容易に求めることができ、静止点では

$$F_3 = mg\frac{mg}{\cos\theta}$$

となる。

演習 4-5　垂直断面が $y = x^2$ のような放物線の形状をした滑らかな曲面があるとしよう。この曲面上に質量が m[kg]、電荷が q[C]の物体を置く。この曲面の x 方向に、E[V/m]の電場を印加したとき、この物体の静止点を 2 次元座標で求めよ。ただし、重力加速度を g[m/s^2]とする。

解）　この物体に働く力は、y 軸の負の方向に重力 $F_1 = -mg$ [N]、x 軸の

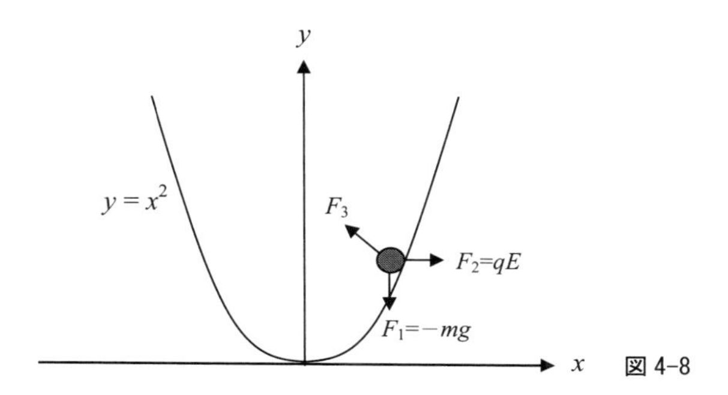

図 4-8

正の方向に電気力 $F_2 = qE$ [N]、また、この壁面に束縛する垂直抗力の F_3 [N] となる。

この壁面に沿った微小変位を考えると、束縛力は仕事をしないので、仮想仕事は

$$dW = F_1 \delta y + F_2 \delta x$$

となる。

ここで、壁面は $y = x^2$ であるので

$$dy = 2xdx$$

という関係にある。

ここで、仮想仕事の原理から

$$\begin{aligned} dW &= F_1 \delta y + F_2 \delta x = F_1 (2x\delta x) + F_2 \delta x \\ &= -2mgx\delta x + qE\delta x = (qE - 2mgx)\delta x = 0 \end{aligned}$$

となる。これが成立するために

$$qE - 2mgx = 0 \qquad \text{から} \qquad x = \frac{qE}{2mg}$$

となり、静止点の座標は

$$(x, y) = \left(\frac{qE}{2mg}, \left(\frac{qE}{2mg} \right)^2 \right)$$

と与えられる。

演習 4-6　垂直断面が $y = e^x$ のような指数関数の形状をした滑らかな曲面がある。この曲面上に質量が m[kg]、電荷が q[C]の物体を置く。この曲面の x 方向に、E[V/m]の電場を印加したとき、この物体の静止点を 2 次元座標で求めよ。

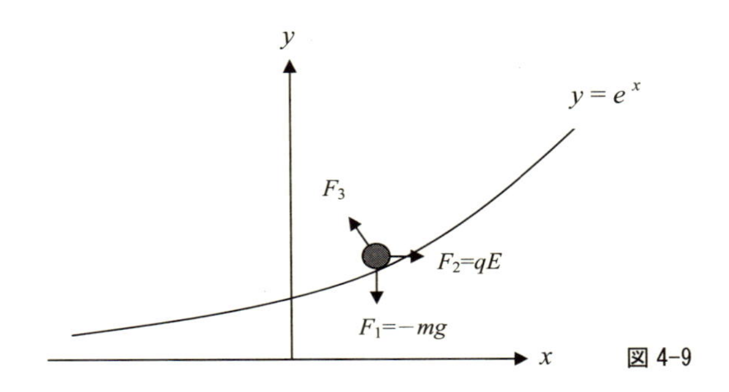

図 4-9

解）　この物体に働く力は、y 軸の負の方向に重力 $F_1 = -mg$ [N]、x 軸の正の方向に電気力 $F_2 = qE$ [N]、また、この壁面に束縛する垂直抗力の F_3 [N]となる。

この壁面に沿った微小変位を考えると、束縛力は仕事をしないので、仮想仕事は

$$dW = F_1 \delta y + F_2 \delta x$$

となる。

ここで、壁面は $y = e^x$ であるので

$$dy = e^x dx$$

という関係にある。

ここで、仮想仕事の原理から

$$dW = F_1 \delta y + F_2 \delta x = F_1 (e^x \delta x) + F_2 \delta x$$
$$= -mge^x \delta x + qE \delta x = (qE - mge^x) \delta x = 0$$

となる。これが成立するために

$$qE - mge^x = 0 \qquad \text{から} \qquad x = \ln\left(\frac{qE}{mg}\right)$$

となり

$$y = e^x = \frac{qE}{mg}$$

よって静止点は

$$(x, y) = \left(\ln\left(\frac{qE}{mg}\right), \frac{qE}{mg} \right)$$

となる。

このように、仮想仕事の原理による解法は、ある束縛条件のもとで極値を求める問題と等価となっている。そうであれば、第 2 章で紹介したラグランジュの未定乗数法が使えると考えられるが、どうであろうか。

4. 3.　未定乗数法

ここでは、3 次元の直交座標における一般的な解法を紹介する。まず、3 次元空間での仮想仕事は

$$\delta W = F_x \delta x + F_y \delta y + F_z \delta z$$

であった。ただし、3 個の力ベクトルが働くときの仮想仕事は

$$\delta W = \vec{\boldsymbol{F}}_1 \cdot \delta \vec{\boldsymbol{r}} + \vec{\boldsymbol{F}}_2 \cdot \delta \vec{\boldsymbol{r}} + \vec{\boldsymbol{F}}_3 \cdot \delta \vec{\boldsymbol{r}}$$

であり、成分で書けば

$$\delta W = (F_{1x} \ F_{1y} \ F_{1z}) \begin{pmatrix} \delta x \\ \delta y \\ \delta z \end{pmatrix} + (F_{2x} \ F_{2y} \ F_{2z}) \begin{pmatrix} \delta x \\ \delta y \\ \delta z \end{pmatrix} + (F_{3x} \ F_{3y} \ F_{3z}) \begin{pmatrix} \delta x \\ \delta y \\ \delta z \end{pmatrix}$$

となり

$$\delta W = (F_{1x} + F_{2x} + F_{3x})\delta x + (F_{1y} + F_{2y} + F_{3y})\delta y + (F_{1z} + F_{2z} + F_{3z})\delta z$$

から、F_x とは 3 個の力ベクトルの x 成分の和であることに注意する必要がある。力ベクトルの数が 4 個、5 個と増えたときには、順次、このベクトル成分の個数も 4 個、5 個と増えていくことになる。

以上を踏まえたうえで、ある束縛条件のもとで、$\delta W = 0$ を満足するような座標(x, y, z)を求めれば、それが静止位置となるのである。

ここで、束縛条件として

$$f(x,y,z)=0$$

を考える。

たとえば、放物面に物体が束縛されている場合には

$$f(x,y,z)=x^2+y^2-z=0$$

が束縛条件となる。

この全微分は

$$df=\frac{\partial f}{\partial x}dx+\frac{\partial f}{\partial y}dy+\frac{\partial f}{\partial z}dz=0$$

となる。放物面を例にとると

$$df=(2x)dx+(2y)dy-dz=0$$

という式がえられる。

ここで、一般解法に戻ろう。われわれの目的は

$$\delta W=F_x\delta x+F_y\delta y+F_z\delta z=0$$

を満たす(x, y, z)を求めることである。その際の束縛条件としては

$$f(x,y,z)=0 \quad \text{および} \quad \frac{\partial f}{\partial x}dx+\frac{\partial f}{\partial y}dy+\frac{\partial f}{\partial x}dz=0$$

が付されることになる。

ここで、δWも全微分で示した束縛条件の両辺とも0であるから、束縛条件に乗数λをかけて、辺々を足してみよう。すると

$$\left(F_x+\lambda\frac{\partial f}{\partial x}\right)\delta x+\left(F_y+\lambda\frac{\partial f}{\partial y}\right)\delta y+\left(F_z+\lambda\frac{\partial f}{\partial x}\right)\delta z=0$$

という式ができる。静止位置では、x, y, z のいかなる方向の任意の変位に対しても0となる必要があるので

$$F_x+\lambda\frac{\partial f}{\partial x}=0 \quad \text{かつ} \quad F_x+\lambda\frac{\partial f}{\partial x}=0 \quad \text{かつ} \quad F_z+\lambda\frac{\partial f}{\partial z}=0$$

でなければならない。これら条件と、最初の束縛条件から、静止位置の座標(x, y, z) を求めることができる。

演習 4-7　原点を下の頂点とする半径 r の中空の半球$(0 \le z \le r)$があり、その内側の曲面がなめらかとする。この半球内に、質量が m[kg]、電荷が q[C]の物体がある。この半球の x 軸方向に、均一な電場 E [V/m]を印加したときの、物体の静止位置を求めよ。ただし、重力加速度を g[m/s^2]とする。

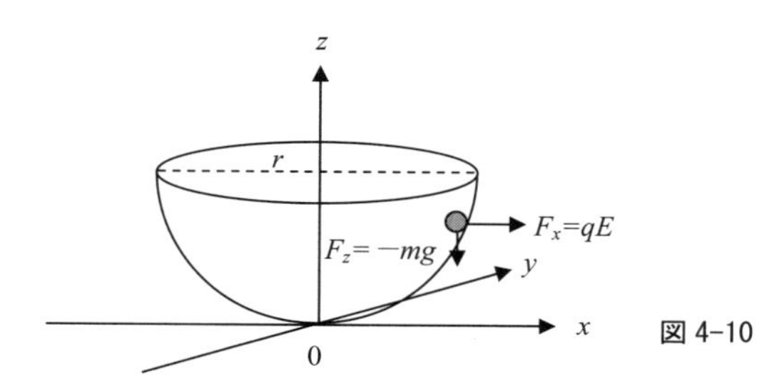

図 4-10

解）　束縛条件は

$$f(x,y,z) = x^2 + y^2 + (z-r)^2 - r^2 = 0$$

より

$$df = (2x)dx + (2y)dy + 2(z-r)dz = 0$$

となる。よって

$$\frac{\partial f}{\partial x} = 2x \qquad \frac{\partial f}{\partial y} = 2y \qquad \frac{\partial f}{\partial z} = 2(z-r)$$

つぎに

$$F_x = qE \qquad F_y = 0 \qquad F_z = -mg$$

となるので、静止位置の条件は

$$F_x + \lambda \frac{\partial f}{\partial x} = qE + 2\lambda x = 0 \qquad F_y + \lambda \frac{\partial f}{\partial y} = 2\lambda y = 0$$

$$F_z + \lambda \frac{\partial f}{\partial z} = -mg + 2\lambda(z-r) = 0$$

となる。よって

$$x = -\frac{qE}{2\lambda} \qquad y = 0 \qquad z = r + \frac{mg}{2\lambda}$$

となる。

これら値を最初の束縛条件である

$$f(x,y,z) = x^2 + y^2 + (z-r)^2 - r^2 = 0$$

に代入すると

$$\frac{(qE)^2 + (mg)^2}{4\lambda^2} = r^2$$

となり

$$\lambda^2 = \frac{(qE)^2 + (mg)^2}{4r^2} \qquad \text{から} \qquad \lambda = \pm\frac{\sqrt{(qE)^2 + (mg)^2}}{2r}$$

となって、未定乗数であるλの値が求まる。このままでは2個の解があるが、実は、$z=r+(mg/2\lambda)<r$ であるからλは負となることがわかる。よって

$$\lambda = -\frac{\sqrt{(qE)^2 + (mg)^2}}{2r}$$

となる。

したがって、求める座標は

$$x = \frac{qE}{\sqrt{(qE)^2 + (mg)^2}}r \qquad y = 0 \qquad z = r - \frac{mg}{\sqrt{(qE)^2 + (mg)^2}}r$$

となる。

このように、「仮想仕事の原理」を利用することで、物体が静止する安定位置の座標を求めることができるのである。この手法の利点は、力ベクトルの数が増えた場合にも、同様の解法ができる点にある。

4.4. ダランベールの原理

仮想仕事の原理は、汎用性の高い解法であるが、静止した物体にしか適用できないという欠点がある。これを運動物体にまで拡張できるのが、**ダランベールの原理** (d'Alembert's principle) である。

3次元空間を運動している物体の運動方程式は

$$\vec{F} = m\frac{d^2\vec{r}}{dt^2} \qquad \begin{pmatrix} F_x \\ F_y \\ F_z \end{pmatrix} = m\frac{d^2}{dt^2}\begin{pmatrix} x \\ y \\ z \end{pmatrix}$$

と与えられる。

これを次のように、書き換えてみよう。

$$\vec{F} - m\frac{d^2\vec{r}}{dt^2} = 0$$

そして、これを力の釣り合いとみなすのである。

等加速度運動している物体があるとしよう。この運動を静止系から眺めれば、もちろん、等加速度運動にしか見えない。しかし、同じ加速度で運動している系から見れば、その物体には力が働いていないように見えるのである。その項が上式の第 2 項に相当すると考えればよい。

例えば、同様のことは地球上でも生じている。地球は、太陽のまわりを公転しているし、太陽は銀河系を猛スピードで回転運動している。つまり、地球には力が働いて、複雑な運動をしているのであるが、地球上に住んでいるわれわれは、そのような力も運動も感じることはない。よって、地球上での物体の運動をわれわれが観察する場合は、あたかも、静止系での運動を解析しているのと等価である。これがダランベールの原理である。

ここで、運動物体では、力 $\vec{F}$ と力 $m\dfrac{d^2\vec{r}}{dt^2}$ が釣り合っていると考えると、仮想仕事を

$$\delta W = \left(\vec{F} - m\frac{d^2\vec{r}}{dt^2}\right)\cdot\delta\vec{r}$$

とすることができる。そして、この値がゼロとなるとみなすのが、仮想仕事の原理となる。

もちろん、物体は運動しているので、時間とともに座標が変化しているから、この式が適用できるのは、ある瞬間である。つまり、t を固定して、ある時間における力の釣り合いを見ているのである。

ただし、時々刻々、時間変化に応じて、この関係をつなげていけば、結果として運動物体の解析に応用できることになる。

いささか、技巧的に見えるかもしれないが、この操作は、運動物体の解

析に有効である。より具体的な解析を進めていこう。いま求めた式のベクトルを成分表示すれば

$$\delta W = \left(F_x - m\frac{d^2x}{dt^2} \right) \cdot \delta x + \left(F_y - m\frac{d^2y}{dt^2} \right) \cdot \delta y + \left(F_z - m\frac{d^2z}{dt^2} \right) \cdot \delta z = 0$$

となる。

ここで、束縛条件として

$$f(x, y, z) = 0$$

を考える。

この全微分は

$$df = \frac{\partial f}{\partial x}dx + \frac{\partial f}{\partial y}dy + \frac{\partial f}{\partial x}dz = 0$$

となる。

これに、未定乗数λをかけて、辺々を足し合わせれば

$$\delta W = \left(F_x - m\frac{d^2x}{dt^2} + \lambda\frac{\partial f}{\partial x} \right) \cdot \delta x + \left(F_y - m\frac{d^2y}{dt^2} + \lambda\frac{\partial f}{\partial y} \right) \cdot \delta y$$
$$+ \left(F_z - m\frac{d^2z}{dt^2} + \lambda\frac{\partial f}{\partial z} \right) \cdot \delta z = 0$$

という式ができる。この仮想仕事は、安定点では、任意の方向の変位 *dx, dy, dz* に対して、すべてゼロとなる必要があるので

$$F_x - m\frac{d^2x}{dt^2} + \lambda\frac{\partial f}{\partial x} = 0 \qquad F_y - m\frac{d^2y}{dt^2} + \lambda\frac{\partial f}{\partial y} = 0 \qquad F_z - m\frac{d^2z}{dt^2} + \lambda\frac{\partial f}{\partial z} = 0$$

という等式が同時に成立する必要がある。これら 3 式と束縛条件の組み合わせで、運動の解析が可能となる。

さらに、これら式を変形して

$$m\frac{d^2x}{dt^2} = F_x + \lambda\frac{\partial f}{\partial x} \qquad m\frac{d^2y}{dt^2} = F_y + \lambda\frac{\partial f}{\partial y} \qquad m\frac{d^2z}{dt^2} = F_z + \lambda\frac{\partial f}{\partial z}$$

とすれば、ニュートンの運動方程式と同等のものがえられることになる。

未定乗数のλは束縛条件 $f(x, y, z) = 0$ から求めることができ、その結果、物体の運動の様子を解析することが可能となるのである。

演習 4-8　地表面となす角度がθ[rad]の滑らかな坂を考える。質量が m[kg]の物体が、この坂を降下するときの加速度の大きさをダランベールの原理を用いて求めよ。ただし、重力加速度を g [m/s^2]とする。

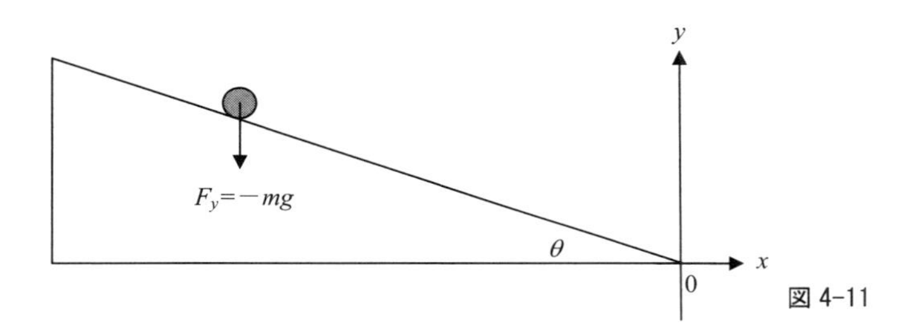

図 4-11

解）　図 4-11 のような 2 次元座標を考える。坂の最下点を原点にとると、$y=-(\tan\theta)x$ という坂に沿って運動するので、束縛条件は

$$f(x,y)=(\tan\theta)x+y=0$$

となり、その全微分は

$$df=\frac{\partial f}{\partial x}dx+\frac{\partial f}{\partial y}dy=(\tan\theta)dx+dy=0$$

となる。

ここで、束縛力（この場合は垂直抗力）以外の力の成分は $F_y=-mg$ のみであるから

$$m\frac{d^2x}{dt^2}=F_x+\lambda\frac{\partial f}{\partial x}=0+\lambda\tan\theta \qquad m\frac{d^2y}{dt^2}=F_y+\lambda\frac{\partial f}{\partial y}=-mg+\lambda$$

という 2 個の方程式がえられる。したがって

$$\frac{d^2x}{dt^2}=\frac{\lambda}{m}\tan\theta \qquad \frac{d^2y}{dt^2}=-g+\frac{\lambda}{m}$$

となる。つぎに、束縛条件より

$$(\tan\theta)x+y=0 \quad \text{から} \quad (\tan\theta)\frac{d^2x}{dt^2}+\frac{d^2y}{dt^2}=0$$

が成立し

$$(\tan\theta)^2\frac{\lambda}{m}-g+\frac{\lambda}{m}=0 \quad \text{から} \quad \lambda=\frac{mg}{1+\tan^2\theta}$$

となる。よって

$$\frac{d^2x}{dt^2}=\frac{g\tan\theta}{1+\tan^2\theta} \qquad \frac{d^2y}{dt^2}=-g+\frac{\lambda}{m}=-g+\frac{g}{1+\tan^2\theta}=\frac{-g\tan^2\theta}{1+\tan^2\theta}$$

となる。加速度の大きさは

$$a_x=\frac{\tan\theta}{1+\tan^2\theta}g \qquad a_y=\frac{-\tan^2\theta}{1+\tan^2\theta}g$$

として

$$a=\sqrt{{a_x}^2+{a_y}^2}$$

によって与えられる。よって、坂に沿った方向の加速度は

$$a=g\sin\theta$$

となる。

このように、ダランベールの原理を適用すると、加速度運動している物体にも、仮想仕事の原理の手法が使えるのである。

4. 5.　ラグランジアンの導出

それでは、仮想仕事の原理と、ダランベールの原理を利用することで、ラグランジアンの導出を行ってみよう。

力が働いて、運動している物体の仮想仕事は

$$\delta W=\left(F_x-m\frac{d^2x}{dt^2}\right)\cdot\delta x+\left(F_y-m\frac{d^2y}{dt^2}\right)\cdot\delta y+\left(F_z-m\frac{d^2z}{dt^2}\right)\cdot\delta z$$

となる。仮想仕事の原理では、これがゼロとなる条件から、運動の様子を解析することができるのであった。

ここで、静止した状態での安定条件は、δW=0 になることであった。運動物体でも、ある時間ごとの安定条件は、これがゼロになることである。つまり、この条件を満足しながら、物体は運動を続けるものと考えられるのである。

ここで、ある物体が、$x=x_1$[m]の位置から $x=x_2$ [m] までの区間を、時間 $t=t_1$ [s] から $t=t_2$[s] まで運動することを考える。このとき、図 4-12 の $x-t$ 図に示すように、(x_1, t_1) から(x_2, t_2) に至る経路はいろいろと考えられる。ここで、第 1 章で紹介した変分法を利用して、仕事が最も小さくなる経路を求めることを考えてみよう。

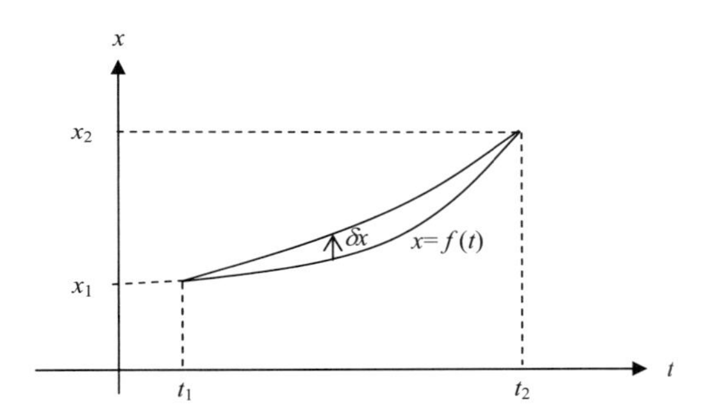

図 4-12　物体が運動する経路に変分法の考えを適用する。もっとも仕事が小さくなる経路を $x=f(t)$とすると、この経路から、わずかにδx 変位させたとき$\delta W=0$ となる。

いろいろな経路の中で、仕事が最も小さくなる経路を $x=f(t)$ とする。ただし、この曲線から、わずかにδx だけ変位したとき、$\delta W=0$ となる経路がわれわれが求めたいものである。この経路は

$$\int_{t_1}^{t_2} \delta W dt = \delta \int_{t_1}^{t_2} W dt = 0$$

を満足する。

x 方向を考えると、この条件は

$$\delta \int_{t_1}^{t_2} W dt = \int_{t_1}^{t_2} \left\{ \left(F_x - m\frac{d^2 x}{dt^2} \right) \cdot \delta x \right\} dt = 0$$

となる。被積分関数を整理すると

$$\delta \int_{t_1}^{t_2} W dt = \int_{t_1}^{t_2} F_x \delta x dt - \int_{t_1}^{t_2} \left\{ m \left(\frac{d^2 x}{dt^2} \right) \delta x \right\} dt = 0$$

となる。ここで、右辺の第 1 項は

$$\int_{t_1}^{t_2} (F_x \delta x) dt = -\delta \int_{t_1}^{t_2} U dt$$

と変形できる。

演習 4-9 第 2 項に、部分積分を適用して、被積分関数が運動エネルギーTとなることを示せ。

解） まず、復習の意味で部分積分を思い出そう。それは

$$\int f'(t)g(t)dt = f(t)g(t) - \int f(t)g'(t)dt$$

であった。

ここで、第 2 項の

$$\int_{t_1}^{t_2} \left\{ m\left(\frac{d^2 x}{dt^2}\right)\delta x \right\} dt$$

において

$$f'(t) = m\frac{d^2 x}{dt^2} \quad \text{および} \qquad g(t) = \delta x$$

とすると

$$f(t) = m\frac{dx}{dt} \quad \text{および} \qquad g'(t) = \frac{d}{dt}(\delta x)$$

となる。よって

$$\int_{t_1}^{t_2} \left\{ m\left(\frac{d^2 x}{dt^2}\right)\delta x \right\} dt = \left[m\left(\frac{dx}{dt}\right)\delta x \right]_{t_1}^{t_2} - \int_{t_1}^{t_2} \left\{ m\left(\frac{dx}{dt}\right)\frac{d}{dt}(\delta x) \right\} dt$$

となる。ここで、変分の手法では、t_1 および t_2 において $\delta x = 0$ であるから、最初の項はゼロとなる。

つぎの項について見てみよう。まず

$$\frac{d}{dt}(\delta x) = \delta\left(\frac{dx}{dt}\right) = \delta(x')$$

と変形する。すると

$$m\left(\frac{dx}{dt}\right)\frac{d}{dt}(\delta x) = m(x')\delta(x')$$

となる。ここで$\frac{1}{2}(x')^2$を考え、この仮想変位を考えると

$$\delta\left\{\frac{1}{2}(x')^2\right\} = \frac{1}{2}\cdot 2(x')\delta(x') = (x')\delta(x')$$

したがって

$$m\left(\frac{dx}{dt}\right)\frac{d}{dt}(\delta x) = m(x')\delta(x') = \delta\left\{\frac{1}{2}m(x')^2\right\}$$

となることがわかる。

よって

$$\int_{t_1}^{t_2}\left\{m\left(\frac{d^2x}{dt^2}\right)\delta x\right\}dt = -\delta\int_{t_1}^{t_2}\left\{\frac{1}{2}m(x')^2\right\}dt = -\delta\int_{t_1}^{t_2} Tdt$$

となる。

以上の結果をまとめると

$$\delta\int_{t_1}^{t_2} Wdt = \int_{t_1}^{t_2} F_x\delta x dt - \int_{t_1}^{t_2}\left\{m\left(\frac{d^2x}{dt^2}\right)\delta x\right\}dt = -\delta\int_{t_1}^{t_2} Udt + \delta\int_{t_1}^{t_2}\left\{\frac{1}{2}m(x')^2\right\}dt$$

$$= -\delta\int_{t_1}^{t_2} Udt + \delta\int_{t_1}^{t_2} Tdt$$

したがって

$$\delta\int_{t_1}^{t_2} Wdt = \delta\int_{t_1}^{t_2}(T-U)dt$$

となり、運動物体の仮想仕事の原理から、ラグランジアンがえられるのである。

ところで、$E = T + U$ が一定であるから

$$L = T - U = T - (E - T) = 2T - E$$

と変形できる。よって

$$\int Ldt = \int 2Tdt - \int Edt$$

となる。

右辺の第2項の積分は、常に一定であるから、結局

$$\delta \int L dt = \delta \int 2T dt - \delta \int E dt = \delta \int 2T dt$$

となり、モーペルテュイ (P. L. M. Maupertuis) の最小作用の原理と同じ式がえられる。前章の宿題である「なぜ T や $3T$ ではなく $2T$ となるのか」はこのような理由によるものである。

ところで、この表式では、U の項が消えてしまっているが、どうであろうか。実は、式は同じであるが、条件が異なることに注意する必要がある。

単純な問題として、重力がない場で、物体が水平方向に x_1 から x_2 まで移動することを考えてみよう。このときは、等速運動が

$$\delta \int 2T dt = 0$$

を満足する。このとき、x_1 の位置での時間を t_1、x_2 の位置での時間を t_2 とすると、この作用積分は

$$\int_{t_1}^{t_2} 2T dt$$

となる。これを最小にする条件から、等速運動がえられる。

しかし、重力場では、図 4-13(a)に示すように、そもそもこのような高さ一定の経路をとることができない。さらに、x_1 から x_2 に至る経路では、自由落下すると到達地点の高さが異なるため、境界条件が異なるのである。同じ高さに戻ってくるためには、図 4-13(b)のように、物体を上方に投げ上げる必要がある。

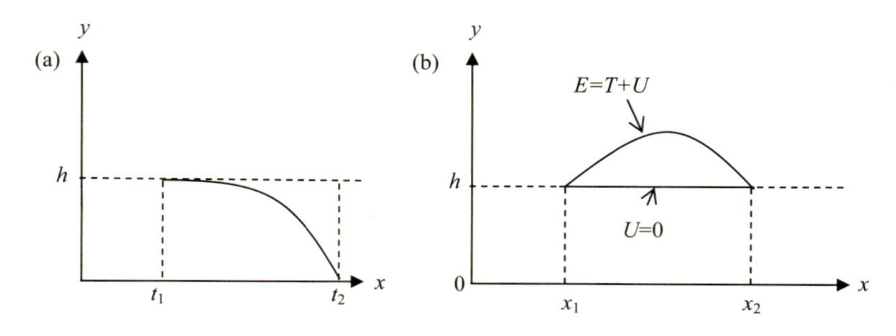

図 4-13 重力場における運動と、同じ高さの位置に戻ってくる場合の運動の様子

つまり、$\delta\int 2Tdt=0$ は、まったく自由な条件下で成立するものではなく、ある境界条件、いまの場合は(x_1, h, t_1) と(x_2, h, t_2) を通る経路の中で、束縛条件として $U=0$ あるいは $E=T+U$(=一定)のもとで、作用積分 $\int_{t_1}^{t_2} 2Tdt$ を最小にすることが前提となっているのである。例えば

$$E=T+U=\frac{1}{2}mv^2+U$$

から

$$v=x'=\frac{dx}{dt}=\sqrt{\frac{2(E-U)}{m}}$$

という関係にあり、運動エネルギーT の成分である速度の v が、ポテンシャルエネルギーU の影響を受けることからも明らかであろう。ちなみに、この式において、$U=0$ の場合は、v は一定となり

$$v=\sqrt{\frac{2E}{m}}$$

となる。

以上のように、解析力学における $L=T-U$ はある境界条件のもとで、その積算（積分）を最小化するものであり、自由な条件下とはまったく異なることに注意されたい。境界条件が異なれば、最小作用は異なるのである。

第 5 章　広義座標

5. 1.　ラグランジアンと座標

ラグランジュの運動方程式 (Lagrange's equation of motion)は

$$\frac{d}{dt}\left(\frac{\partial L}{\partial x'}\right)-\frac{\partial L}{\partial x}=0$$

と与えられ、この式を変形すると、ニュートンの運動方程式 (Newton's equation of motion) が導かれることを説明した。

実際の物体の運動は 3 次元空間で生じるので、ラグランジュの運動方程式は

$$\frac{d}{dt}\left(\frac{\partial L}{\partial x'}\right)-\frac{\partial L}{\partial x}=0 \qquad \frac{d}{dt}\left(\frac{\partial L}{\partial y'}\right)-\frac{\partial L}{\partial y}=0 \qquad \frac{d}{dt}\left(\frac{\partial L}{\partial z'}\right)-\frac{\partial L}{\partial z}=0$$

の 3 個となる。

これは、3 次元空間の運動では、$x = x(t), y = y(t), z = z(t)$ のように、3 方向の時間変化を求めないと、物体の運動を記述できないからである。このように、運動を記述するために必要な独立変数 (independent variable) の数のことを自由度 (degree of freedom) と呼んでいる。そして、自由度 3 の運動に対しては、直交座標だけでなく、他の座標系でも変数が 3 個あれば、運動の記述が可能となる。ただし、その座標変換はそれほど簡単ではない。ニュートンの運動方程式を直交座標から他の座標系に変換する際は、かなりの苦労を要する。

ところが、ラグランジュの運動方程式は、他の座標系においても、まったく同様の取り扱いが可能となるのである。

例えば 3 次元の極座標(r, θ, ϕ) 系のラグランジュの運動方程式は

$$\frac{d}{dt}\left(\frac{\partial L}{\partial r'}\right)-\frac{\partial L}{\partial r}=0 \qquad \frac{d}{dt}\left(\frac{\partial L}{\partial \theta'}\right)-\frac{\partial L}{\partial \theta}=0 \qquad \frac{d}{dt}\left(\frac{\partial L}{\partial \phi'}\right)-\frac{\partial L}{\partial \phi}=0$$

となり、直交座標の x, y, z を単に r, θ, ϕ へと変えただけとなっている。これら式を解くことによって、$r(t), \theta(t), \phi(t)$ が与えられ、極座標で 3 次元空間での運動の様子がえられる。

この汎用性の高さが、解析力学の大きな利点となっているのである。ここで、座標変換について、少し復習してみよう。

例えば、2 次元の直交座標 (x, y) と極座標 (r, θ) には

$$x = r\cos\theta \qquad y = r\sin\theta$$

という関係がある。したがって、速度は

$$\frac{dx}{dt}=\frac{dr}{dt}\cos\theta - r\sin\theta\frac{d\theta}{dt} \qquad \frac{dy}{dt}=\frac{dr}{dt}\sin\theta + r\cos\theta\frac{d\theta}{dt}$$

となる。さらに、加速度は

$$\frac{d^2x}{dt^2}=\frac{d^2r}{dt^2}\cos\theta - 2\frac{dr}{dt}\sin\theta\frac{d\theta}{dt} - r\cos\theta\left(\frac{d\theta}{dt}\right)^2 - r\sin\theta\frac{d^2\theta}{dt^2}$$

$$\frac{d^2y}{dt^2}=\frac{d^2r}{dt^2}\sin\theta + 2\frac{dr}{dt}\cos\theta\frac{d\theta}{dt} - r\sin\theta\left(\frac{d\theta}{dt}\right)^2 + r\cos\theta\frac{d^2\theta}{dt^2}$$

となって、(x, y) と (r, θ) 座標間に単純な対応関係はえられない。

それでは、なぜ、ラグランジュの運動方程式では直交座標においても、極座標においても同じ形式で済んでしまうのであろうか。それは、これら方程式を求める条件が、作用積分（ラグランジアンの積分汎関数）を最小にする極値を求めるというものだからである。

座標を変換すると、当然、関数をグラフ化したときの形状は異なってくる。例えば

$$z = f(x, y) = x^2 + y^2$$

という関数を考えてみよう。

これは、直交座標 (x, y, z) では、**放物面** (paraboloid) となり、図 5-1 のようなグラフになる。

この放物面を、円柱座標 (z, r, θ) に変換したらどうなるだろうか（図 5-2 参照)。すると

$$z = f(r, \theta) = r^2$$

となり、θ 成分がなくなる。

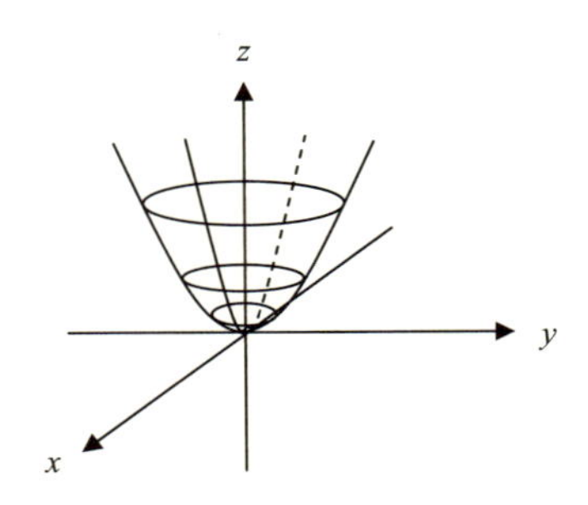

図 5-1　$z = x^2 + y^2$ に対応した図

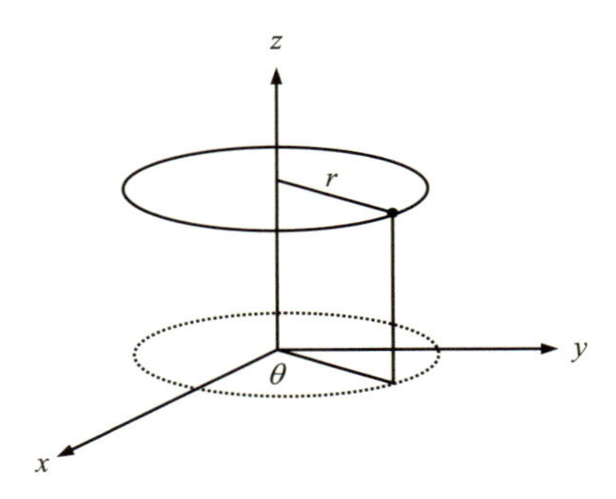

図 5-2　円柱座標

ここで、これら関数の極値を求めてみよう。直交座標では

$$dz = \frac{\partial z}{\partial x} dx + \frac{\partial z}{\partial y} dz = 0$$

から、任意の dx, dy に対して、この式が恒等的に成立するという条件から、$(x, y) = (0, 0)$ が極値である $z = 0$ を与えることがわかる。つぎに、円柱座標では

$$dz = \frac{\partial z}{\partial r} dr + \frac{\partial z}{\partial \theta} d\theta = 0$$

から、任意の $dr, d\theta$ に対して、この式が恒等的に成立するという条件から、$r=0$ が極値である $z=0$ を与えることがわかる。もちろん $r=0$ の点は、直交座標では$(x, y)=(0, 0)$となり、両者は一致する。

つまり、座標系が変わっても極値と極値を与える点は変化しない。これが、ラグランジュの運動方程式の形式が座標系によって変化しない理由である。

5.2. 広義（一般化）座標

1個の物体が直線上を運動する場合の自由度は1であり、その運動を記述するためには、時間の関数として1個の変数 $x(t)$ が必要となる。

つぎに、1個の物体が平面上を運動する場合の自由度は2であり、その運動を記述するためには、時間の関数として2個の変数である $x(t)$ および $y(t)$ が必要となる。

ただし、座標としては、極座標である $r(t)$および$\theta(t)$を使ってもよい。また、通常は、x, y として互いに直交したデカルト座標 (Descartes co-ordinate) を選ぶのが便利であるが、平行でなければ、適当な2軸を選んでもよいのである。

ところで、われわれが住んでいるのは3次元空間である。そして、1個の物体が3次元空間を運動するときの自由度は3であり、その運動を記述するためには、時間の関数として3個の変数である $x(t), y(t), z(t)$ が必要となるが、座標としては、円柱座標である $r(t),\ \theta(t),\ z(t)$ や極座標である $r(t),\ \theta(t),\ \phi(t)$を使ってもよい。いずれ、3個の独立した変数があればよいのである。

それでは、3次元の運動ならば自由度は3で十分かというと、そうはいかない。力学では、複数の物体の運動を解析する必要がある。例えば、2個の物体が独立して3次元空間を運動する場合の自由度は6となる。この場合、2個の物体を P_1, P_2 とすると、それぞれ3個ずつ

$$P_1\ (x_1, y_1, z_1) \qquad P_2\ (x_2, y_2, z_2)$$

のように計6個の座標が必要になるのである。もちろん、この座標は直交座標でも極座標でも構わない。

さらに、有限の大きさの物体の場合には、その物体の回転なども考えないといけない。そこで、力学では、物体のかわりに大きさを持たない質点 (mass point) を考える。

そして、一般的には、n 個の質点 (mass point) が 3 次元空間で互いに相関なく運動する場合の自由度は $3n$ となり、これら質点の運動を記述するためには、$3n$ 個の独立変数が必要となる。

この際、x, y, z に $x_1, x_2, x_3, \ldots y_1, y_2, y_3, \ldots$ のように番号を付したり、r, θ, ϕ という記号を用いて表記するかわりに、単純に番号のみで表示したものを、広義座標 (generalized coordinate) あるいは一般化座標と呼んでいる。「広義」も「一般化」も英語の "generalized" の和訳である。広義座標は、通常は q を用いて

$$q_1, q_2, q_3, \ldots, q_n$$

のように表現する。

これらが独立変数でさえあれば、座標系は問題にならない。また、変数は、距離でも角度でもよく、自由度の数 n に対応すればよいのである。

したがって、広義座標を使えば n の自由度を持った系の、ラグランジュの運動方程式は

$$\frac{d}{dt}\left(\frac{\partial L}{\partial q_i'}\right)-\frac{\partial L}{\partial q_i}=0 \qquad (i=1, 2, 3, \ldots n)$$

と一般化されることになる。

このような一般化が可能となるのは、ラグランジュの運動方程式が、座標系の採り方によらず、常に、同様の表式で与えられるという解析力学の特徴によるものである。よって、広義座標（一般化座標）は解析力学においてのみ、定義できる便利な座標なのである。

5. 3.　自由度と運動

5. 3. 1.　2 重振り子

広義座標という考えに基づけば、運動の自由度がわかれば、変数の数がわかり、この数に応じたラグランジュの運動方程式を導出すればよいことになる。そして、変数は独立したものであれば、何を採用しても同じ式と

なる。

それでは、同手法を使って、2 重振り子の運動を解析してみよう。図 5-3 に示すように、O 点に固定された長さℓ[m]のひもの先に質量 m[kg]の錘り P_1 をぶらさげる。さらに、同じ長さℓ[m]のひもを、この錘りにつけ、その先に、同じ質量 m[kg]の錘り P_2 をぶら下げる。ただし、θ_1, θ_2 が十分小さいものとする。

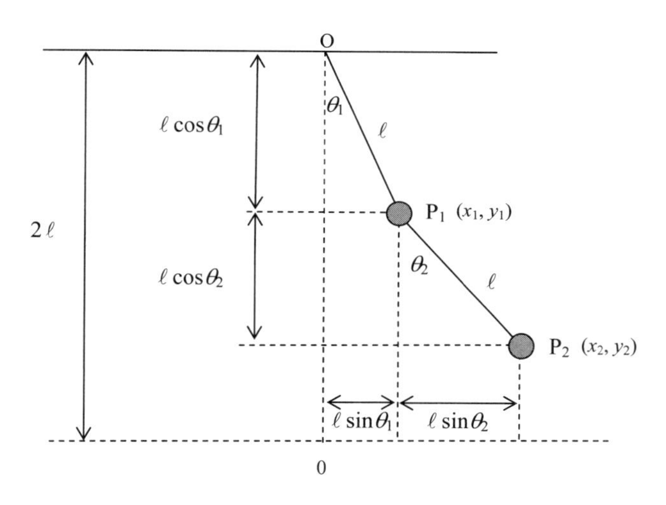

図 5-3　2 重振り子

まず、この運動の自由度を考えてみよう。解析すべきは、錘り P_1 と P_2 の運動である。錘り P_1 は長さℓ[m]のひもで支点につながれており、半径ℓ[m]の周に沿って運動するので、その自由度は 1 である。そして、変数としては図に示した振れ角のθ_1 を採用すればよいことがわかる。

ところで、長さ 2ℓのひもが鉛直下方につながったときの最下点を基準点として P_1 の座標を(x_1, y_1)と置くと、座標は 2 変数からなっている。このため、自由度は 2 と思われるかもしれないが、実は

$$x_1 = \ell\sin\theta_1 \qquad y_1 = 2\ell - \ell\cos\theta_1$$

という相関関係にあるので、θ_1 が決まれば、同時に x_1 と y_1 が決まる。よって、独立変数はθ_1 の 1 個でよいのである。

つぎに、錘り P_2 の運動の自由度について考えてみよう。P_2 の座標を(x_2, y_2)とすると

$$x_2 = \ell \sin\theta_1 + \ell \sin\theta_2 \qquad y_2 = 2\ell - \ell\cos\theta_1 - \ell\cos\theta_2$$

という関係にある。ここで、θ_1 が指定されていれば、その運動はθ_2 を指定すれば決まることになる。よって、その自由度は 1 となり、結果として系の自由度は 2 となる。

つまり、2 重振り子の運動の独立変数（広義座標）としては

$$q_1 = \theta_1 \qquad q_2 = \theta_2$$

を適用すればよいことがわかる。

それでは、解析力学の手法であるラグランジアンに基づいて 2 重振り子の運動を解析していこう。この系の運動エネルギー (T) は、錘り P_1 の速度を v_1、錘り P_2 の速度を v_2 とすると

$$T = \frac{1}{2}m{v_1}^2 + \frac{1}{2}m{v_2}^2$$

と与えられる。ここで、錘りが描く円弧軌道の長さを s とすると、$s_1 = \ell\theta_1$ となるので、その速度は

$$v_1 = \frac{ds}{dt} = \ell\frac{d\theta_1}{dt} = \ell\theta_1'$$

となる。つぎに、P_2 の速度を考えてみよう。P_1 を支点とした円弧に沿った速度は、P_1 と同様に$\ell\theta_2'$ と与えられる。

ここでは、θ_1 と θ_2 が十分小さいので $\sin\theta \cong \theta$, $\cos\theta \cong 1$ という近似を使うと、錘りの運動は水平方向だけを考えればよいことになる。

支点が $\ell\theta_1'$ で動いているので

$$v_2 = v_1 + \ell\theta_2' = \ell(\theta_1' + \theta_2')$$

となる。

したがって、運動エネルギーは

$$T = \frac{1}{2}m\ell^2(\theta_1')^2 + \frac{1}{2}m\ell^2(\theta_1' + \theta_2')^2$$

$$= \frac{1}{2}m\ell^2(\theta_1')^2 + \frac{1}{2}m\ell^2\{(\theta_1')^2 + 2\theta_1'\theta_2' + (\theta_2')^2\} = m\ell^2\{(\theta_1')^2 + \theta_1'\theta_2' + \frac{1}{2}(\theta_2')^2\}$$

と与えられる。つぎに、位置エネルギー (U) は

$$U = mgy_1 + mgy_2 = mg\{2\ell - \ell\cos\theta_1\} + mg\{2\ell - \ell\cos\theta_1 - \ell\cos\theta_2\}$$

と与えられる。本来は、このまま解析していくべきであるが、この場合解析的に解を求めるのが難しい。そこで、最初の仮定である θ_1 と θ_2 が十分小さいことから

$$\cos\theta = 1 - \frac{1}{2!}\theta^2 + \frac{1}{4!}\theta^4 - \frac{1}{6!}\theta^6 + \ldots$$

という級数展開の θ^2 の項までで近似して

$$\cos\theta \cong 1 - \frac{1}{2}\theta^2$$

という式を使うと

$$U = mg\ell(1 + \frac{1}{2}\theta_1{}^2) + \frac{1}{2}mg\ell(\theta_1{}^2 + \theta_2{}^2) = mg\ell(1 + \theta_1{}^2 + \frac{1}{2}\theta_2{}^2)$$

となる。

すると、2 重振り子のラグランジアン (L) は

$$L = T - U = m\ell^2\{(\theta_1')^2 + \theta_1'\theta_2' + \frac{1}{2}(\theta_2')^2\} - mg\ell(1 + \theta_1{}^2 + \frac{1}{2}\theta_2{}^2)$$

と与えられる。

ここで、ラングランジュの運動方程式は、広義座標が θ_1, θ_2 であったから

$$\frac{d}{dt}\left(\frac{\partial L}{\partial \theta_1'}\right) - \frac{\partial L}{\partial \theta_1} = 0 \quad \text{および} \quad \frac{d}{dt}\left(\frac{\partial L}{\partial \theta_2'}\right) - \frac{\partial L}{\partial \theta_2} = 0$$

の 2 個となる。

$$\frac{\partial L}{\partial \theta_1'} = m\ell^2\{2(\theta_1') + (\theta_2')\} \qquad \frac{\partial L}{\partial \theta_2'} = m\ell^2\{(\theta_1') + (\theta_2')\}$$

また

$$\frac{\partial L}{\partial \theta_1} = -2mg\ell\,\theta_1 \qquad \frac{\partial L}{\partial \theta_2} = -mg\ell\,\theta_2$$

したがって、ラグランジュの運動方程式は

$$m\ell^2\frac{d\{2(\theta_1') + (\theta_2')\}}{dt} + 2mg\ell(\theta_1) = 0 \qquad m\ell^2\frac{d\{(\theta_1') + (\theta_2')\}}{dt} + mg\ell(\theta_2) = 0$$

となる。

整理すると

$$\ell\frac{d\{2(\theta_1')+(\theta_2')\}}{dt}+2g(\theta_1)=0 \qquad \ell\frac{d\{(\theta_1')+(\theta_2')\}}{dt}+g(\theta_2)=0$$

から

$$2(\theta_1'')+(\theta_2'')=-2\frac{g}{\ell}\theta_1 \qquad (\theta_1'')+(\theta_2'')=-\frac{g}{\ell}\theta_2$$

という 2 個の微分方程式ができる。

演習 5-1 つぎの連立微分方程式を解法せよ。

$$\begin{cases} 2(\theta_1'')+(\theta_2'')=-2k\theta_1 \\ (\theta_1'')+(\theta_2'')=-k\theta_2 \end{cases}$$

解） これら連立微分方程式を解法するためには

$$\frac{d^2(A\theta_1+B\theta_2)}{dt^2}=C(A\theta_1+B\theta_2)$$

というかたちに変形する必要がある。

ここで、2 番目の式に a を乗じて辺々を足すと

$$(2+a)(\theta_1'')+(1+a)(\theta_2'')=-k(2\theta_1+a\theta_2)$$

したがって

$$\frac{2+a}{1+a}=\frac{2}{a}$$

が成立するように a を選べばよいことになる。

$$(2+a)a=2(1+a) \qquad a^2+2a=2a+2 \qquad \text{より } a^2=2$$

から $a=\pm\sqrt{2}$ となる。

$a=\sqrt{2}$ のとき

$$(2+\sqrt{2})(\theta_1'')+(1+\sqrt{2})(\theta_2'')=-k(2\theta_1+\sqrt{2}\theta_2)$$

から

$$(1+\sqrt{2})\frac{d^2}{dt^2}(\sqrt{2}\theta_1+\theta_2)=-\sqrt{2}k(\sqrt{2}\theta_1+\theta_2)$$

となる。

$$\frac{d^2}{dt^2}(\sqrt{2}\theta_1+\theta_2)=-\frac{\sqrt{2}}{\sqrt{2}+1}k(\sqrt{2}\theta_1+\theta_2)$$

ここで

$$\omega_1{}^2 = \frac{\sqrt{2}}{\sqrt{2}+1}k = (2-\sqrt{2})k$$

と置くと

$$\sqrt{2}\theta_1 + \theta_2 = A_1 \cos(\omega_1 t + \varphi_1)$$

という解がえられる。ただし、A_1およびφ_1は定数である。

$a = -\sqrt{2}$ のとき

$$(2-\sqrt{2})(\theta_1'') + (1-\sqrt{2})(\theta_2'') = -k(2\theta_1 - \sqrt{2}\theta_2)$$

から

$$(\sqrt{2}-1)\frac{d^2}{dt^2}(\sqrt{2}\theta_1 - \theta_2) = -\sqrt{2}k(\sqrt{2}\theta_1 - \theta_2)$$

となる。

$$\frac{d^2}{dt^2}(\sqrt{2}\theta_1 - \theta_2) = -\frac{\sqrt{2}}{\sqrt{2}-1}k(\sqrt{2}\theta_1 - \theta_2)$$

ここで

$$\omega_2{}^2 = \frac{\sqrt{2}}{\sqrt{2}-1}k = (2+\sqrt{2})k$$

と置くと

$$\sqrt{2}\theta_1 - \theta_2 = A_2 \cos(\omega_2 t + \varphi_2)$$

という解がえられる。ただし、A_2およびφ_2は定数である。

あとは、これら2式を連立すればよく

$$\theta_1 = \frac{1}{2\sqrt{2}}\{A_1 \cos(\omega_1 t + \varphi_1) + A_2 \cos(\omega_2 t + \varphi_2)\}$$

$$\theta_2 = \frac{1}{2}\{A_1 \cos(\omega_1 t + \varphi_1) - A_2 \cos(\omega_2 t + \varphi_2)\}$$

が解となる。

未定の定数項は、境界条件や初期条件によって決定することができる。

いまの2重振り子は、もっとも簡単なケースを扱ったものであるが、理工学分野への応用として、制御系の解析においては、より複雑な問題を解く必要がある。例えば、2重振り子は、ロボットアームへの応用が可能となる。このときは、θの振れ幅は大きいので、$\sin\theta$や $\cos\theta$ の近似計算もしない。

そこで、より一般的な問題として、図 5-4 のような設定において、アームの腕の長さと 2 個の錘りの質量が異なるうえ、振れ幅（θ）が大きい場合を考えてみよう。

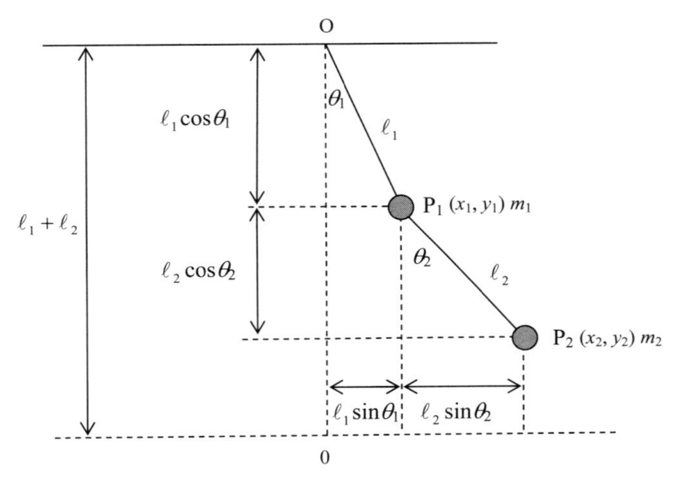

図 5-4　より一般化された 2 重振り子の運動

O 点に固定された長さℓ_1[m]のひもの先に質量m_1[kg]の錘り P_1をぶらさげ、さらに、長さℓ_2[m]のひもを、この錘りにつけ、その先に、質量 m_2[kg]の錘り P_2をぶら下げる。これら 2 重振り子の運動のラグランジアンを求めてみよう。

長さ$\ell_1+\ell_2$のひもが鉛直下方につながったときの最下点を原点として、P_1の座標を(x_1, y_1) 、P_2の座標を(x_2, y_2) とすると

$$x_1 = \ell_1\sin\theta_1 \qquad x_2 = \ell_1\sin\theta_1 + \ell_2\sin\theta_2$$

および

$$y_1 = \ell_1 + \ell_2 - \ell_1\cos\theta_1 \qquad y_2 = \ell_1 + \ell_2 - \ell_1\cos\theta_1 - \ell_2\cos\theta_2$$

と与えられる。

ここで、この運動の自由度は 2 であり、広義座標としては

$$q_1 = \theta_1 \qquad q_2 = \theta_2$$

を適用すればよいことがわかる。

この場合の 2 重振り子の運動エネルギー (T) は

$$T = \frac{1}{2}m_1 v_1{}^2 + \frac{1}{2}m_2 v_2{}^2$$

となるが、ここでは v_1 と v_2 のそれぞれ水平方向と垂直方向を求める。

v_1 の水平方向を x_1' とすると、

$$x_1' = \frac{dx_1}{dt} = \ell_1 \frac{d\theta}{dt}\cos\theta_1 = \ell_1\theta_1'\cos\theta_1$$

また、v_1 の垂直方向を y_1' とすると、

$$y_1' = \frac{dy_1}{dt} = -\ell_1 \frac{d\theta}{dt}(-\sin\theta_1) = \ell_1\theta_1'\sin\theta_1$$

となる。

ここで

$$v_1{}^2 = (x_1')^2 + (y_1')^2$$

であるから

$$v_1{}^2 = \ell_1{}^2\theta_1'^2(\cos^2\theta_1 + \sin^2\theta_1)$$

よって

$$v_1 = \ell_1\theta_1'$$

がえられる。

同様に v_2 の水平方向 x_2' と垂直方向 y_2' をもとめると

$$x_2' = \frac{dx_2}{dt} = \ell_1\theta_1'\cos\theta_1 + \ell_2\theta_2'\cos\theta_2$$

$$y_2' = \frac{dy_2}{dt} = \ell_1\theta_1'\sin\theta_1 + \ell_2\theta_2'\sin\theta_2$$

よって

$$\begin{aligned} v_2{}^2 &= (x_2')^2 + (y_2')^2 \\ &= (\ell_1\theta_1'\cos\theta_1 + \ell_2\theta_2'\cos\theta_2)^2 + (\ell_1\theta_1'\sin\theta_1 + \ell_2\theta_2'\sin\theta_2)^2 \\ &= \ell_1{}^2(\theta_1')^2 + \ell_2{}^2(\theta_2')^2 + 2\ell_1\ell_2\theta_1'\theta_2'\cos(\theta_1 - \theta_2) \end{aligned}$$

から

$$v_2 = \sqrt{\ell_1{}^2(\theta_1')^2 + \ell_2{}^2(\theta_2')^2 + 2\ell_1\ell_2\theta_1'\theta_2'\cos(\theta_1 - \theta_2)}$$

がえられる。

よって 2 重振り子の運動エネルギー (T) は

$$T = \frac{1}{2}m_1 v_1{}^2 + \frac{1}{2}m_2 v_2{}^2$$

$$= \frac{1}{2}m_1\ell_1{}^2(\theta_1')^2 + \frac{1}{2}m_2\left\{\ell_1{}^2(\theta_1')^2 + \ell_2{}^2(\theta_2')^2 + 2\ell_1\ell_2\theta_1'\theta_2'\cos(\theta_1 - \theta_2)\right\}$$

$$= \frac{1}{2}(m_1 + m_2)\left\{\ell_1{}^2(\theta_1')^2\right\} + \frac{1}{2}m_2\left\{\ell_2{}^2(\theta_2')^2\right\} + m_2\ell_1\ell_2\theta_1'\theta_2'\cos(\theta_1 - \theta_2)$$

となる。ここで、位置エネルギー (U) は

$$U = m_1 g y_1 + m_2 g y_2$$
$$= m_1 g(\ell_1 + \ell_2 - \ell_1\cos\theta_1) + m_2 g(\ell_1 + \ell_2 - \ell_1\cos\theta_1 - \ell_2\cos\theta_2)$$

であるから、ラグランジアン (L) は

$$L = T - U = \frac{1}{2}(m_1 + m_2)\left\{\ell_1{}^2(\theta_1')^2\right\} + \frac{1}{2}m_2\left\{\ell_2{}^2(\theta_2')^2\right\} + m_2\ell_1\ell_2\theta_1'\theta_2'\cos(\theta_1 - \theta_2)$$
$$- m_1 g(\ell_1 + \ell_2 - \ell_1\cos\theta_1) - m_2 g(\ell_1 + \ell_2 - \ell_1\cos\theta_1 - \ell_2\cos\theta_2)$$

と与えられる。

あとは、ラグランジュの運動方程式

$$\frac{d}{dt}\left(\frac{\partial L}{\partial \theta_1'}\right) - \frac{\partial L}{\partial \theta_1} = 0 \quad \text{および} \quad \frac{d}{dt}\left(\frac{\partial L}{\partial \theta_2'}\right) - \frac{\partial L}{\partial \theta_2} = 0$$

を解けばよいのである。

もちろん、結果としてえられる微分方程式は、かなり複雑となるが、現在は、コンピュータの助けを借りて、方程式の解法が可能となっており、近似解をえるのは、それほど難しくない。つまり、複雑な系からなる可動装置の制御では、微分方程式をいかに構築するかがより重要となるのである。

そして、いまの例でわかるように、解析力学の手法を使えば、まず、運動の自由度を考え、広義座標として何を適用すればよいかを判断する。そのうえで、ラグランジアンを計算し、ラグランジュの運動方程式を求めればよいのである。

5. 4.　多体系の振動

ラグランジュの運動方程式の応用分野として、質点系の振動を考えてみよう。物質は、多くの原子からできているが、それら原子はたがいに連結しており、ちょうどバネでつながった格子の状態となっている。そして、有限の温度では、これら格子が振動している。これを**格子振動** (lattice vibration) と呼んでいる。したがって、バネでつながれた複数の質点系の運動解析は、固体内の格子振動解析への応用が可能となり、重要な分野である。

まず、図 5-5 に示すように、両壁と 3 個のバネで固定された質量が m[kg]の 2 個の物体の連結運動について考えてみよう。ただし、両端のバネのバネ定数を k_1[N/m]、中心のバネのバネ定数を k_2[N/m]とする。

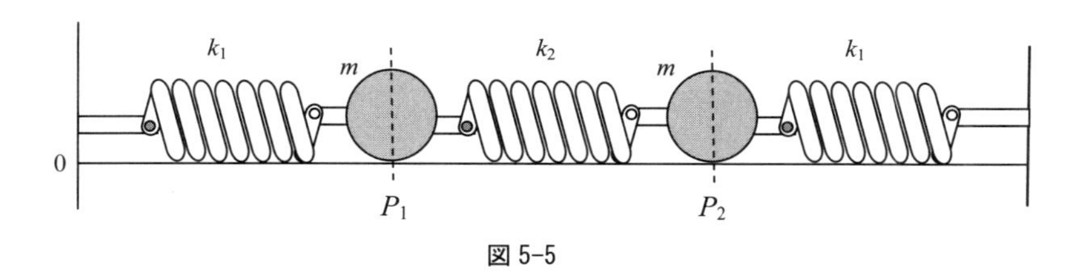

図 5-5

それぞれの物体の平衡位置の左壁からの距離を P_1[m]および P_2[m]とする。ここでは、広義座標として、図 5-6 に示すように、この平衡位置からのずれである q_1[m]および q_2[m]を採用する。ここで、この系の運動エネルギーについて考えてみよう。

これら物体の左壁からの距離を x_1[m]および x_2[m]とすると、運動エネルギーは

$$T = \frac{1}{2}m\{(x_1')^2 + (x_2')^2\} \quad [\mathrm{J}]$$

となる。ここで

$$x_1 = P_1 + q_1 \qquad x_2 = P_2 + q_2$$

という関係にあるので

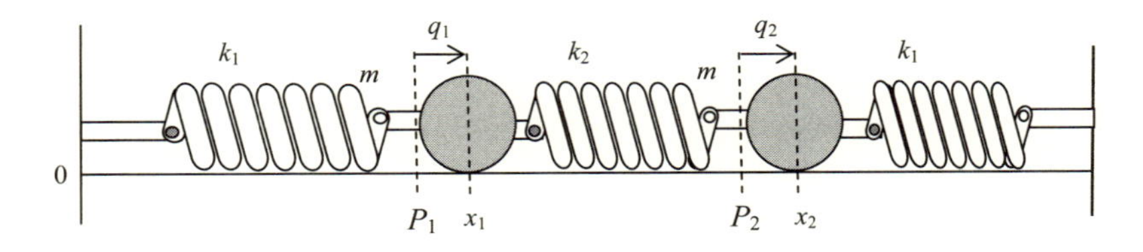

図 5-6

$$x_1{}'=q_1{}' \qquad x_2{}'=q_2{}'$$

となり、広義座標による運動エネルギーは

$$T=\frac{1}{2}m\{(q_1{}')^2+(q_2{}')^2\} \quad [\mathrm{J}]$$

と与えられる。

つぎに、ポテンシャルエネルギーを考えてみよう。左のバネは q_1[m]だけ伸び、中心のバネは q_2-q_1[m]だけ伸び、右のバネは q_2[m]だけ縮むことになる。よって

$$U=\frac{1}{2}\{k_1q_1{}^2+k_2(q_2-q_1)^2+k_1(-q_2)^2\}=\frac{1}{2}\{k_1q_1{}^2+k_2(q_2-q_1)^2+k_1q_2{}^2\} \quad [\mathrm{J}]$$

となる。したがって、この系のラグランジアンは

$$L=\frac{1}{2}m\{(q_1{}')^2+(q_2{}')^2\}-\frac{1}{2}\{k_1q_1{}^2+k_2(q_2-q_1)^2+k_1q_2{}^2\}$$

となる。

ラグランジュの運動方程式は

$$\frac{d}{dt}\left(\frac{\partial L}{\partial q_1{}'}\right)-\frac{\partial L}{\partial q_1}=0 \qquad \frac{d}{dt}\left(\frac{\partial L}{\partial q_2{}'}\right)-\frac{\partial L}{\partial q_2}=0$$

である。ここで

$$\frac{\partial L}{\partial q_1{}'}=m(q_1{}') \qquad \frac{\partial L}{\partial q_2{}'}=m(q_2{}')$$

$$\frac{\partial L}{\partial q_1}=-k_1q_1+k_2(q_2-q_1) \qquad \frac{\partial L}{\partial q_2}=-k_2(q_2-q_1)-k_1q_2$$

であるから、運動方程式は

$$m\frac{d^2q_1}{dt^2} = -(k_1 + k_2)q_1 + k_2 q_2 \qquad m\frac{d^2q_2}{dt^2} = k_2 q_1 - (k_1 + k_2)q_2$$

の 2 個となる。

ここで、少し解について考えてみよう。2 個の物体はバネにつながれ、振動するものと考える。このとき、バネでつながっているので 2 個の物体の振動の周波数は同じになるはずである。そこで解を

$$q_1 = A_1 \cos\omega t \qquad q_2 = A_2 \cos\omega t$$

と仮定してみよう。A_1 および A_2 は、これら物体の平衡位置からの初期の変位となる。すると

$$\frac{d^2q_1}{dt^2} = -A_1\omega^2 \cos\omega t = -\omega^2 q_1 \qquad \frac{d^2q_2}{dt^2} = -A_2\omega^2 \cos\omega t = -\omega^2 q_2$$

となり、運動方程式に代入すると

$$\{m\omega^2 - (k_1 + k_2)\}q_1 + k_2 q_2 = 0$$
$$k_2 q_1 + \{m\omega^2 - (k_1 + k_2)\}q_2 = 0$$

という連立方程式がえられる。この方程式が、$q_1 = 0$ および $q_2 = 0$ という自明解以外の解を持つ条件は

$$\begin{vmatrix} m\omega^2 - (k_1 + k_2) & k_2 \\ k_2 & m\omega^2 - (k_1 + k_2) \end{vmatrix} = 0$$

から[1]

$$\{m\omega^2 - (k_1 + k_2)\}^2 - {k_2}^2 = 0$$

となり、よって

$$(m\omega^2 - k_1)\{m\omega^2 - (k_1 + 2k_2)\} = 0$$

から

$$\omega = \sqrt{\frac{k_1}{m}} \qquad \omega = \sqrt{\frac{k_1 + 2k_2}{m}}$$

が解となる。

したがって、一組の解は

$$q_1 = A_1 \cos\sqrt{\frac{k_1}{m}}t \qquad q_2 = A_2 \cos\sqrt{\frac{k_1}{m}}t$$

---

[1] 行列式と連立方程式の関係については、拙著『なるほど線形代数』（第 3 章）を参照していただきたい。

となり、もう一組の解は

$$q_1 = A_1 \cos\sqrt{\frac{k_1+2k_2}{m}}t \qquad q_2 = A_2 \cos\sqrt{\frac{k_1+2k_2}{m}}t$$

となる。

より一般化して

$$q_1 = A_1 \cos(\omega t + \alpha) \qquad q_2 = A_2 \cos(\omega t + \alpha)$$

を仮定してもよい。この場合、結果は変わらず

$$q_1 = A_1 \cos\left(\sqrt{\frac{k_1}{m}}t + \alpha\right) \qquad q_2 = A_2 \cos\left(\sqrt{\frac{k_1}{m}}t + \alpha\right)$$

という解と

$$q_1 = A_1 \cos\left(\sqrt{\frac{k_1+2k_2}{m}}t + \alpha\right) \qquad q_2 = A_2 \cos\left(\sqrt{\frac{k_1+2k_2}{m}}t + \alpha\right)$$

という解がえられる。

演習 5-2　図 5-5 において、バネ定数がすべて k[N/m]の場合の解を求めよ。

解）　系のラグランジアンは

$$L = \frac{1}{2}m\{(q_1')^2 + (q_2')^2\} - \frac{1}{2}\{kq_1^{\ 2} + k(q_2 - q_1)^2 + kq_2^{\ 2}\}$$

となる。

したがって

$$\frac{\partial L}{\partial q_1'} = m(q_1') \qquad \frac{\partial L}{\partial q_2'} = m(q_2')$$

$$\frac{\partial L}{\partial q_1} = -kq_1 + k(q_2 - q_1) = -2kq_1 + kq_2$$

$$\frac{\partial L}{\partial q_2} = -k(q_2 - q_1) - kq_2 = kq_1 - 2kq_2$$

から、ラグランジュの運動方程式は

$$m\frac{d^2q_1}{dt^2} = -2kq_1 + kq_2 \qquad m\frac{d^2q_2}{dt^2} = kq_1 - 2kq_2$$

解を

$$q_1 = A_1 \cos(\omega t + \alpha) \qquad q_2 = A_2 \cos(\omega t + \alpha)$$

と仮定して、運動方程式に代入すると

$$(m\omega^2 - 2k)q_1 + kq_2 = 0$$

$$kq_1 + (m\omega^2 - 2k)q_2 = 0$$

という連立方程式がえられる。この方程式が、$q_1 = 0$ および $q_2 = 0$ という自明解以外の解を持つ条件は

$$\begin{vmatrix} m\omega^2 - 2k & k \\ k & m\omega^2 - 2k \end{vmatrix} = 0$$

から

$$(m\omega^2 - 2k)^2 - k^2 = 0$$

となり、よって

$$(m\omega^2 - k)(m\omega^2 - 3k) = 0$$

から

$$\omega = \sqrt{\frac{k}{m}} \qquad \omega = \sqrt{\frac{3k}{m}}$$

が解となる。

$\omega = \sqrt{\dfrac{k}{m}}$ を $(m\omega^2 - 2k)q_1 + kq_2 = 0$ に代入すると

$$-kq_1 + kq_2 = 0$$

なので、$q_1 = q_2$ となり

$$q_1 = A_1 \cos\left(\sqrt{\frac{k}{m}}t + \alpha\right) \qquad q_2 = A_1 \cos\left(\sqrt{\frac{k}{m}}t + \alpha\right)$$

となる。これは、2 個の物体が同方向に連動して振動する場合に相当する。

つぎに

$\omega = \sqrt{\dfrac{3k}{m}}$ を $(m\omega^2 - 2k)q_1 + kq_2 = 0$ に代入すると

$$kq_1 + kq_2 = 0$$

なので、$q_1 = -q_2$ となり

$$q_1 = A_1 \cos\left(\sqrt{\frac{3k}{m}}t + \alpha\right) \qquad q_2 = -A_1 \cos\left(\sqrt{\frac{3k}{m}}t + \alpha\right)$$

となる。

これは、2 個の物体が互いに逆方向に連動して振動する場合に相当する。

演習 5-3　図 5-7 に示すように、質量 m[kg]の 3 個の錘りをバネ定数 k[N/m]のバネで連結した場合の運動を解析せよ。ただし、バネの質量は無視してよいものとする。

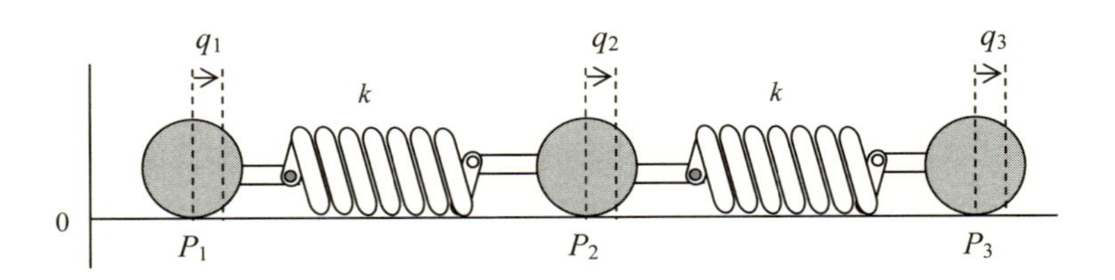

図 5-7

解）　図のように、それぞれの錘りの平衡位置を P_1[m], P_2[m], P_3[m] とし、変位を広義座標として q_1 [m], q_2 [m], q_3 [m] とする。

すると、この系の運動エネルギーは

$$T = \frac{1}{2}m\{(q_1')^2 + (q_2')^2 + (q_3')^2\} \quad \text{[J]}$$

と与えられる。

つぎに、ポテンシャルエネルギーは

$$U = \frac{1}{2}k\{(q_2 - q_1)^2 + (q_3 - q_2)^2\} \quad \text{[J]}$$

となる。

よって、ラグランジアンは

$$L = T - U = \frac{1}{2}m\{(q_1')^2 + (q_2')^2 + (q_3')^2\} - \frac{1}{2}k\{(q_2 - q_1)^2 + (q_3 - q_2)^2\}$$

となる。

この場合の L は

$$L = L(q_1, q_2, q_3, q_1', q_2', q_3')$$

のように、6 変数の関数となる。

ラグランジュの運動方程式は

$$\frac{d}{dt}\left(\frac{\partial L}{\partial q_1'}\right) - \frac{\partial L}{\partial q_1} = 0 \qquad \frac{d}{dt}\left(\frac{\partial L}{\partial q_2'}\right) - \frac{\partial L}{\partial q_2} = 0 \qquad \frac{d}{dt}\left(\frac{\partial L}{\partial q_3'}\right) - \frac{\partial L}{\partial q_3} = 0$$

となる。ここで

$$\frac{\partial L}{\partial q_1'} = m(q_1') \qquad \frac{\partial L}{\partial q_2'} = m(q_2') \qquad \frac{\partial L}{\partial q_3'} = m(q_3')$$

$$\frac{\partial L}{\partial q_1} = k(q_2 - q_1) \qquad \frac{\partial L}{\partial q_2} = -k(q_2 - q_1) + k(q_3 - q_2) = -k(2q_2 - q_1 - q_3)$$

$$\frac{\partial L}{\partial q_3} = -k(q_3 - q_2)$$

となるので

$$m\frac{d^2 q_1}{dt^2} = k(q_2 - q_1) \qquad m\frac{d^2 q_2}{dt^2} = -k(2q_2 - q_1 - q_3)$$

$$m\frac{d^2 q_3}{dt^2} = -k(q_3 - q_2)$$

という 3 個の運動方程式ができる。

解を

$$q_1 = A_1 \cos\omega t \qquad q_2 = A_2 \cos\omega t \qquad q_3 = A_3 \cos\omega t$$

と仮定して、運動方程式に代入すると

$$\begin{aligned} &(m\omega^2 - k)q_1 + kq_2 = 0 \\ &kq_1 + (m\omega^2 - 2k)q_2 + kq_3 = 0 \\ &kq_2 + (m\omega^2 - k)q_3 = 0 \end{aligned}$$

という連立方程式がえられる。

方程式が、$q_1=0, q_2=0, q_3=0$ という自明解以外の解を持つ条件は

$$\begin{vmatrix} m\omega^2 - k & k & 0 \\ k & m\omega^2 - 2k & k \\ 0 & k & m\omega^2 - k \end{vmatrix} = 0$$

となる。

余因子展開すると

$$(m\omega^2 - k)\begin{vmatrix} m\omega^2 - 2k & k \\ k & m\omega^2 - k \end{vmatrix} - k\begin{vmatrix} k & k \\ 0 & m\omega^2 - k \end{vmatrix} = 0$$

さらに展開すると

$$(m\omega^2 - k)\{(m\omega^2 - 2k)(m\omega^2 - k) - k^2\} - k^2(m\omega^2 - k) = 0$$

まとめると

$$(m\omega^2 - k)\{(m\omega^2 - 2k)(m\omega^2 - k) - 2k^2\} = 0$$

ここで

$$(m\omega^2 - 2k)(m\omega^2 - k) - 2k^2 = (m\omega^2 - k)^2 - k(m\omega^2 - k) - 2k^2$$
$$= \{(m\omega^2 - k) - 2k\}\{(m\omega^2 - k) + k\} = m\omega^2(m\omega^2 - 3k)$$

であるから

$$m\omega^2(m\omega^2 - k)(m\omega^2 - 3k) = 0$$

となり

$$\omega = 0 \qquad \omega = \sqrt{\frac{k}{m}} \qquad \omega = \sqrt{\frac{3k}{m}}$$

が解となる。

$\omega = 0$ のとき

$$-kq_1 + kq_2 = 0 \qquad kq_1 - 2kq_2 + kq_3 = 0 \qquad kq_2 - kq_3 = 0$$

から

$$q_1 = q_2 = q_3$$

となり、3 個が一体となって同方向に移動する並進運動に相当する。

$\omega = \sqrt{\dfrac{k}{m}}$ のとき

$$kq_2 = 0 \qquad kq_1 - kq_2 + kq_3 = 0$$

から

$$q_1 = A_1\cos\left(\sqrt{\frac{k}{m}}t\right) \qquad q_2 = 0 \qquad q_3 = -A_1\cos\left(\sqrt{\frac{k}{m}}t\right)$$

となり、中心の物体が静止したまま、左右の物体が同期して振動する状態に相当する。

$\omega = \sqrt{\dfrac{3k}{m}}$ のとき

$$2kq_1 + kq_2 = 0 \qquad kq_1 + kq_2 + kq_3 = 0 \qquad kq_2 + 2kq_3 = 0$$

より

$$q_1 = q_3 \qquad q_2 = -2q_1 = -2q_3$$

となり

$$q_1 = A_1 \cos\left(\sqrt{\frac{3k}{m}}t\right) \qquad q_2 = -2A_1 \cos\left(\sqrt{\frac{3k}{m}}t\right) \qquad q_3 = A_1 \cos\left(\sqrt{\frac{3k}{m}}t\right)$$

となる。

それでは、図 5-8 に示すように、n 個の錘りがバネで連結された系について解析してみよう。すべての錘りの質量を m[kg]とし、バネ定数は k[N/m]で一定とする。

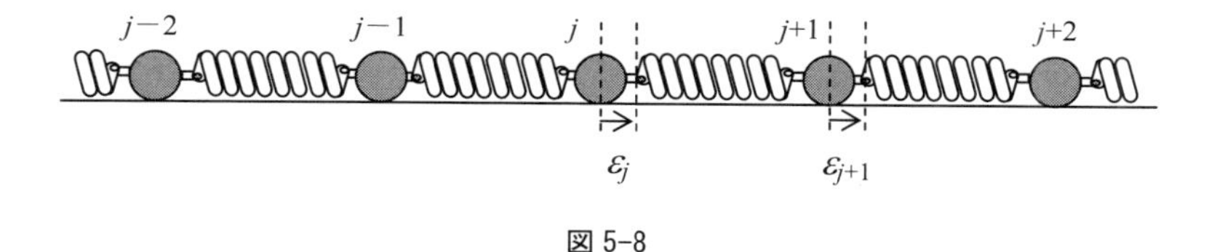

図 5-8

ここで、j 番目の錘りの平衡位置からの変位をε_j[m]とし、これを広義座標とすると、この系の運動エネルギーは

$$T = \frac{1}{2}m\sum_{j=1}^{n}(\varepsilon_j')^2$$

という和によって与えられる。また、ポテンシャルエネルギーは

$$U = \frac{1}{2}k\sum_{j=1}^{n}(\varepsilon_{j+1} - \varepsilon_j)^2$$

となる。したがってラグランジアンは

$$L = T - U = \sum_{j=1}^{n}\left\{\frac{1}{2}m(\varepsilon_j')^2 - \frac{1}{2}k(\varepsilon_{j+1} - \varepsilon_j)^2\right\}$$

となる。

ラグランジュの運動方程式は

$$\frac{d}{dt}\left(\frac{\partial L}{\partial \varepsilon_j{}'}\right) - \frac{\partial L}{\partial \varepsilon_j} = 0$$

となる。ここで

$$\frac{\partial L}{\partial \varepsilon_j{}'} = m(\varepsilon_j{}') \qquad \frac{\partial L}{\partial \varepsilon_j} = k\{(\varepsilon_{j+1} - \varepsilon_j) - (\varepsilon_j - \varepsilon_{j-1}) = k(\varepsilon_{j+1} - 2\varepsilon_j + \varepsilon_{j-1})$$

となるので、運動方程式は

$$m\frac{d^2\varepsilon_j}{dt^2} = k(\varepsilon_{j+1} - 2\varepsilon_j + \varepsilon_{j-1})$$

となる。

ここで

$$\varepsilon_j = A_j \cos(\omega t + \alpha)$$

を仮定すると

$$\frac{d^2\varepsilon_j}{dt^2} = -A_j\omega^2 \cos(\omega t + \alpha) = -A_j\omega^2\varepsilon_j$$

から

$$k\varepsilon_{j+1} + (A_j\omega^2 - 2k)\varepsilon_j + k\varepsilon_{j-1} = 0$$

となる。

この n 個の連立方程式を解けば A_j がえられることになり、振幅がえられる。また、A_j を上式に代入して、変位を求めることができる。

第6章　ハミルトニアン

6. 1.　エネルギー保存則

実は、ラグランジュ方程式から出発して、エネルギー保存則 (law of conservation of energy) を導出することが可能である。それを確かめてみよう。

1次元のラグランジュ方程式は

$$\frac{d}{dt}\left(\frac{\partial L}{\partial x'}\right)-\frac{\partial L}{\partial x}=0$$

であった。ここで

$$x'=\frac{dx}{dt}\ \ (=v)$$

である。

L の全微分は

$$dL=\frac{\partial L}{\partial x}dx+\frac{\partial L}{\partial x'}dx'$$

であるから、時間に関する全微分は

$$\frac{dL}{dt}=\frac{\partial L}{\partial x}\frac{dx}{dt}+\frac{\partial L}{\partial x'}\frac{dx'}{dt}=\frac{\partial L}{\partial x}x'+\frac{\partial L}{\partial x'}x''$$

と与えられる。したがって

$$\frac{\partial L}{\partial x}x'=\frac{dL}{dt}-\frac{\partial L}{\partial x'}x''$$

となる。

ラグランジュ方程式に x' を乗ずると

$$x'\frac{d}{dt}\left(\frac{\partial L}{\partial x'}\right)-\frac{\partial L}{\partial x}x'=0$$

ここで、左辺の第2項に、いま求めた関係式を代入すると

$$x'\frac{d}{dt}\left(\frac{\partial L}{\partial x'}\right)+\frac{\partial L}{\partial x'}x''-\frac{dL}{dt}=0$$

となる。

演習 6-1　$x'(\partial L/\partial x')$ を t に関して微分せよ。

解）

$$\frac{d}{dt}\left(x'\frac{\partial L}{\partial x'}\right)=\frac{dx'}{dt}\frac{\partial L}{\partial x'}+x'\frac{d}{dt}\left(\frac{\partial L}{\partial x'}\right)=x''\frac{\partial L}{\partial x'}+x'\frac{d}{dt}\left(\frac{\partial L}{\partial x'}\right)$$

となる。

この演習の結果えられた右辺の 2 つの項は、先ほどの式の最初の 2 項に対応している。

したがって

$$x'\frac{d}{dt}\left(\frac{\partial L}{\partial x'}\right)+\frac{\partial L}{\partial x'}x''-\frac{dL}{dt}=\frac{d}{dt}\left(x'\frac{\partial L}{\partial x'}\right)-\frac{dL}{dt}=0$$

となる。これを、t の微分としてまとめると

$$\frac{d}{dt}\left(x'\frac{\partial L}{\partial x'}-L\right)=0$$

となる。つまり

$$x'\frac{\partial L}{\partial x'}-L=const.$$

となることがわかる。

これが、いわば、ラグランジュ方程式の積分形ということになる。

ここで

$$L=T-U=\frac{1}{2}m(x')^2-mgx$$

であったので

$$\frac{\partial L}{\partial x'} = m(x')$$

から

$$x'\frac{\partial L}{\partial x'} - L = m(x')^2 - (T - U) = 2T - T + U = T + U$$

となり、結局

$$T + U = const.$$

という結果となる。

これは、運動エネルギー (T) と位置エネルギー (U)の和が常に一定であることを示しており、結局、ラグランジュ方程式から、**エネルギー保存の法則** (law of conservation of energy) が導出されることになる。

あるいは、物体の運動においては、全エネルギーが**保存量** (conserved quantity) となるといい換えることもできる。

6. 2.　ハミルトニアンの導入

解析力学では

$$H = T + U$$

と置いて、Hのことをハミルトニアン (Hamiltonian) と呼んでいる。つまり、全エネルギーである。いままでは、運動量保存則における全エネルギーをEと表記してきたが、今後は、Hという表記を使う。

実は、解析力学では、ラグランジアンLの替りに、ハミルトニアンHを使って運動方程式を導出することも行われる。

このとき、ラグランジアンは

$$L = L(x, x')$$

のように、xとxの微分形であるx'の関数となるのに対し、ハミルトニアンは

$$H = H(x, p)$$

となり、変数に微分形が入っていないというのが特徴となる。

ここで、$x' = v$ の替りに、運動量 $p = mv$ を変数としてみよう。すると

$$H=T+U=\frac{1}{2}mv^2+U=\frac{p^2}{2m}+U$$

となるが、ポテンシャルエネルギー (U) は位置 (x) のみの関数であり、運動量 (p)には依存しないので、$\partial U/\partial p=0$ となり

$$\frac{\partial H}{\partial p}=\frac{p}{m}+\frac{\partial U}{\partial p}=\frac{p}{m}$$

となる。

ここで、$x'=v$ から

$$x'=\frac{dx}{dt}=v=\frac{mv}{m}=\frac{p}{m}$$

となるので

$$\frac{dx}{dt}=\frac{\partial H}{\partial p}$$

という関係が成立する。

つぎに、運動量 (p) は位置(x) には依存しないので、その x に関する偏微分は 0 となり

$$\frac{\partial H}{\partial x}=\frac{\partial T}{\partial x}+\frac{\partial U}{\partial x}=\frac{\partial}{\partial x}\left(\frac{p^2}{2m}\right)+\frac{\partial U}{\partial x}=\frac{\partial U}{\partial x}=-F$$

となる。ここで

$$F=\frac{dp}{dt}=\frac{d}{dt}(mv)=m\frac{dv}{dt}=m\frac{d^2x}{dt^2}$$

であるから

$$\frac{dp}{dt}=-\frac{\partial H}{\partial x}$$

という関係が成立する。

そして、ハミルトニアン (H) においては x, p を変数とした

$$\frac{dx}{dt}=\frac{\partial H}{\partial p} \qquad \frac{dp}{dt}=-\frac{\partial H}{\partial x}$$

という 2 個の対称な方程式ができる。これらを**正準方程式** (canonical

equations) と呼んでいる。

物体の運動を解析する場合には、これら 2 個の微分方程式を連立させればよいことになる。

ここで、正準方程式の意味を少し考えてみよう。まず、最初の式は、全エネルギー (H) のうち運動量 (p)に依存する部分（$\partial H/\partial p$: つまりは運動エネルギーの変化）が、位置の時間変化 (dx/dt)、すなわち、物体の速度 (v) に対応することを示している。

つぎの式は、全エネルギー (H) のうち位置 (x) に依存する部分（$-\partial H/\partial x$: つまりはポテンシャルエネルギー）の変化が運動量（速度）の時間変化 (dp/dt)、すなわち力 (F)に対応することを示している。

いずれ、物体の運動は、位置エネルギー (U) と運動エネルギー (T) の変化に対応して生じ、これらの和が一定 (時間変化しない) という束縛条件 ($dH/dt=0$) が課されることから、表記の 2 式で運動を記述できるのである。

このように見ると、ラグランジアンは、これらエネルギーの差（$T-U$）の積算が最小となるよう物体の運動を規定しているのに対し、ハミルトニアンは、全エネルギー($H=T+U$)をもとに、位置と運動量によって物体の運動を規定していることになる。

演習 6-2　ハミルトニアンとラグランジアンの間に以下の関係が成立することを示せ。

$$H = px' - L$$

解）　ラグランジアンは

$$L = T - U = \frac{1}{2}mv^2 - U = \frac{1}{2}mv \cdot v - U = \frac{1}{2}px' - U$$

と変形できる。

したがって

$$px' - L = px' - \frac{1}{2}px' + U = T + U = H$$

となり、表記の関係が成立することがわかる[1]。

いまの場合は x 方向のみの運動を考えているが、3 次元空間では、x, y, z 方向の運動量を p_x, p_y, p_z と表記すると、ハミルトニアンは

$$H = p_x x' + p_y y' + p_z z' - L$$

となる。この表式によって、ハミルトニアンを定義する場合もある。

演習 6-3 ばねにつながれた質量 m[kg]の物体の運動をハミルトニアンを用いて解析し、運動に対応した微分方程式を導出せよ。ただし、ばね定数を k [N/m]とする。

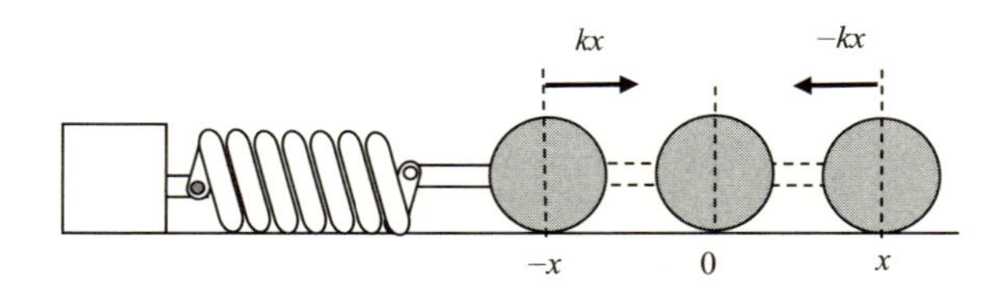

図 6-1 ばねの運動

解） 平衡点($x=0$[m])からの変位を x[m]とする。運動エネルギーは

$$T = \frac{p^2}{2m}$$

である。

つぎに、ばねに働く力は $F=-kx$ であるから、ポテンシャルエネルギーは

$$U = -\int F dx = \frac{1}{2} k x^2$$

となる。したがって、ハミルトニアンは

$$H = T + U = \frac{p^2}{2m} + \frac{1}{2} k x^2$$

[1] この変換をルジャンドル変換（Legendre transformation）と呼んでいる。その詳細については補遺 2 を参照していただきたい。

となる。

ここで、正準方程式は

$$\frac{dx}{dt} = \frac{\partial H}{\partial p} \qquad \frac{dp}{dt} = -\frac{\partial H}{\partial x}$$

であった。よって

$$\frac{dx}{dt} = \frac{p}{m} \qquad \frac{dp}{dt} = -kx$$

となり、最初の式からえられる

$$p = m\frac{dx}{dt}$$

という関係を、つぎの式に代入すると

$$m\frac{d^2x}{dt^2} = -kx$$

という運動方程式ができる。

これは、単振動に対応した微分方程式である。このように、ハミルトニアンを利用しても、運動方程式の導出が可能となる。

6.3. ハミルトニアンと広義座標

ハミルトニアン (H) は、ラグランジアン (L) をもとに導出されているので、その変数についても、同様の取り扱いが可能であり、3次元の直交座標系 (x, y, z)での正準方程式は

$$\frac{dx}{dt} = \frac{\partial H}{\partial p_x} \qquad \frac{dp_x}{dt} = -\frac{\partial H}{\partial x} \qquad \frac{dy}{dt} = \frac{\partial H}{\partial p_y} \qquad \frac{dp_y}{dt} = -\frac{\partial H}{\partial y}$$

$$\frac{dz}{dt} = \frac{\partial H}{\partial p_z} \qquad \frac{dp_z}{dt} = -\frac{\partial H}{\partial z}$$

の3組となる。

ところで、ラグランジアンの項で、広義座標（一般化座標）が使えることを説明した。系の自由度がわかれば、その数に相当する独立変数を任意に使えるのである。

とすれば、ラグランジアン (L) を元に導入したハミルトニアン (H)においても広義座標が使えるはずである。ただし、ラグランジアンは

$$L = L(q_i, q_i')$$

のように、広義座標とその微分の関数であるが、ハミルトニアンでは座標の q_i だけではなく、運動量が変数として入っている。この場合、どうすればよいのであろうか。

実は、運動量にも一般化が適用でき、この場合には、広義運動量 (generalized momentum) が導入できるのである。一般化運動量とも呼ばれている。

この際、広義座標 q_i に対応した広義運動量 p_i が

$$p_i = \frac{\partial L(q_i, q_i')}{\partial q_i'}$$

によって、与えられる。

これを確かめてみよう。

$$L = T + U = \frac{1}{2}m(q_i')^2 + U$$

となるが、U は q_i'の関数ではないので、その偏微分は 0 となる。

よって

$$\frac{\partial L}{\partial q_i'} = \frac{\partial T}{\partial q_i'} + \frac{\partial U}{\partial q_i'} = \frac{\partial}{\partial q_i}\left\{\frac{1}{2}m(q_i')^2\right\} + 0 = m(q_i') = p_i$$

となり

$$p_i = \frac{\partial L}{\partial q_i'}$$

となることが確かめられる。

また、この式から

$$p_i = \frac{\partial T}{\partial q_i'}$$

と置いてもよいことがわかる。

ここで、広義座標および広義運動量を使って、正準方程式を示すと、自由度が 3 の場合には

$$\frac{dq_1}{dt}=\frac{\partial H}{\partial p_1} \qquad \frac{dp_1}{dt}=-\frac{\partial H}{\partial q_1} \qquad \frac{dq_2}{dt}=\frac{\partial H}{\partial p_2} \qquad \frac{dp_2}{dt}=-\frac{\partial H}{\partial q_2}$$

$$\frac{dq_3}{dt}=\frac{\partial H}{\partial p_3} \qquad \frac{dp_3}{dt}=-\frac{\partial H}{\partial q_3}$$

と与えられる。これを自由度が n の場合に、まとめて

$$\frac{dq_i}{dt}=\frac{\partial H}{\partial p_i} \qquad \frac{dp_i}{dt}=-\frac{\partial H}{\partial q_i} \qquad (i=1, 2, 3, ..., n)$$

と表記することがある。

また

$$H=p_x x'+p_y y'+p_z z'-L$$

という関係を示したが、これも一般化すると

$$H=\sum_{i=1}^{n} p_i q_i'-L$$

となる。

ところで、ハミルトニアンでは、2 個の変数として、運動量には p、位置には q という表記を使うのが通例であり、この表記は、そのまま、量子力学に引き継がれている。

その理由として、アルファベットの順序が o, p, q, r となっており、p に q が続くためという説もある。量子力学の中核をなす、不確定性原理にも、この表記が受け継がれているのは有名であろう。

演習 6-4　質量 m[kg]の物体の放物運動について、ハミルトニアンを用いて解析せよ。ただし、重力加速度を g[m/s^2]とする。

解）　広義座標として、直交座標(x, y) を採用し、x が水平方向、y を鉛直方向とする。ただし、単位は[m]である。つぎに、広義運動量を p_x, p_y [kg m/s] とすると

$$H=T+U=\frac{{p_x}^2}{2m}+\frac{{p_y}^2}{2m}+mgy$$

となる。

したがって、x 方向の正準方程式

$$\frac{dx}{dt} = \frac{\partial H}{\partial p_x} \qquad \frac{dp_x}{dt} = -\frac{\partial H}{\partial x}$$

は

$$\frac{\partial H}{\partial p_x} = \frac{p_x}{m} \qquad \frac{\partial H}{\partial x} = 0$$

より

$$\frac{dx}{dt} = \frac{p_x}{m} \qquad \frac{dp_x}{dt} = 0$$

したがって

$$\frac{d^2 x}{dt^2} = \frac{1}{m}\frac{dp_x}{dt} = 0$$

より等速運動となる。

つぎに、y 方向の正準方程式

$$\frac{dy}{dt} = \frac{\partial H}{\partial p_y} \qquad \frac{dp_y}{dt} = -\frac{\partial H}{\partial y}$$

は

$$\frac{\partial H}{\partial p_y} = \frac{p_y}{m} \qquad \frac{\partial H}{\partial y} = mg$$

より

$$\frac{dy}{dt} = \frac{p_y}{m} \qquad \frac{dp_y}{dt} = -mg$$

したがって

$$\frac{d^2 y}{dt^2} = -g$$

となり、等加速度運動となる。

実際の運動の軌跡は、初速 v[m/s]と、投げ上げ角度 θ[rad]が与えられれば、これら方程式を解くことで求められる。

6.4.　極座標

広義座標として、極座標を用いることを考えてみよう。まず、2次元の極座標を考える。このとき、正準方程式は

$$\frac{dr}{dt}=\frac{\partial H}{\partial p_r} \qquad \frac{dp_r}{dt}=-\frac{\partial H}{\partial r} \qquad \frac{d\theta}{dt}=\frac{\partial H}{\partial p_\theta} \qquad \frac{dp_\theta}{dt}=-\frac{\partial H}{\partial \theta}$$

となる。ハミルトニアンの導出の前に p_r, p_θ を求めておこう。そのために、まず、ラグランジアンを求める。

$$x=r\cos\theta \qquad y=r\sin\theta$$

という関係にあるので

$$\frac{dx}{dt}=\frac{dr}{dt}\cos\theta-r\sin\theta\frac{d\theta}{dt} \qquad \frac{dy}{dt}=\frac{dr}{dt}\sin\theta+r\cos\theta\frac{d\theta}{dt}$$

したがって、運動エネルギーを極座標で表示すると

$$T=\frac{1}{2}m\left(\frac{dx}{dt}\right)^2+\frac{1}{2}m\left(\frac{dy}{dt}\right)^2$$

$$=\frac{1}{2}m\left(\frac{dr}{dt}\right)^2+\frac{1}{2}mr^2\left(\frac{d\theta}{dt}\right)^2=\frac{1}{2}m(r')^2+\frac{1}{2}mr^2(\theta')^2$$

となる。ポテンシャルエネルギーを U と置くと、ラグランジアンは

$$L=T-U=\frac{1}{2}m\{(r')^2+r^2(\theta')^2\}-U(r,\theta)$$

と与えられる。

よって、極座標での運動量は

$$p_r=\frac{\partial L}{\partial r'}=mr' \qquad p_\theta=\frac{\partial L}{\partial \theta'}=mr^2\theta'$$

となる。

したがって、2次元の極座標におけるハミルトニアンは

$$H=\frac{1}{2m}\left(p_r{}^2+\frac{1}{r^2}p_\theta{}^2\right)+U(r,\theta)$$

と与えられる。

ここで、r 方向の正準方程式は

$$\frac{dr}{dt}=\frac{\partial H}{\partial p_r} \qquad \frac{dp_r}{dt}=-\frac{\partial H}{\partial r}$$

であり

$$\frac{dr}{dt}=\frac{\partial H}{\partial p_r}=\frac{p_r}{m} \qquad \frac{dp_r}{dt}=-\frac{\partial H}{\partial r}=-\frac{\partial U}{\partial r}+\frac{{p_\theta}^2}{mr^3}$$

したがって

$$m\frac{d^2r}{dt^2}=-\frac{\partial U}{\partial r}+\frac{{p_\theta}^2}{mr^3}$$

となる。

一方、θ方向の正準方程式は

$$\frac{d\theta}{dt}=\frac{\partial H}{\partial p_\theta} \qquad \frac{dp_\theta}{dt}=-\frac{\partial H}{\partial \theta}$$

であり

$$\frac{d\theta}{dt}=\frac{\partial H}{\partial p_\theta}=\frac{1}{r^2}\frac{p_\theta}{m} \qquad \frac{dp_\theta}{dt}=-\frac{\partial H}{\partial \theta}=-\frac{\partial U}{\partial \theta}$$

となる。

ここで、等速円運動にあてはめてみよう。角速度をω [rad/s]とすると

$$\frac{d\theta}{dt}=\frac{1}{r^2}\frac{p_\theta}{m}=\omega$$

であり

$$p_\theta = mr^2\omega$$

となり、定数となる。実は、これは角運動量 (angular momentum) と呼ばれる物理量である。また、rは常に一定であるので、変数はθのみとなり、自由度 1 の運動となる。

演習 6-5 点 O に固定された長さℓ [m]のひもの先に質量 m[kg]のおもり P をつるして、ある高さまで持ち上げて、手を放したときの運動に関するハミルトニアンを求めよ。ただし、重力加速度を g[m/s^2]とする。

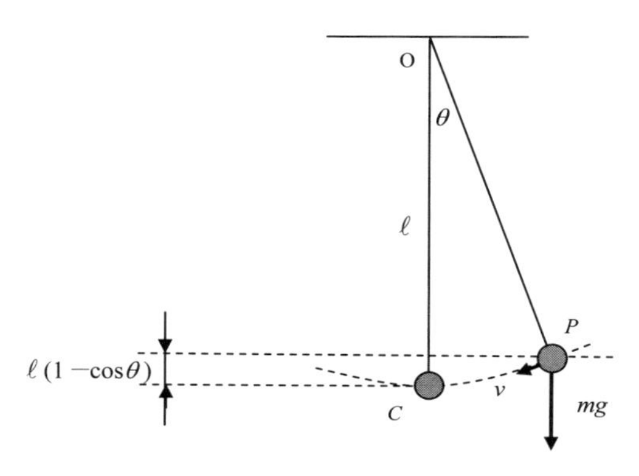

図 6-2　単振り子運動

解）　これは、自由度1の運動であり、広義座標としてθをとる。このとき、運動エネルギーは

$$T = \frac{1}{2}mv^2 = \frac{1}{2}m\ell^2(\theta')^2$$

となり、ポテンシャルエネルギーは、最下点である点Cを基準にとると

$$U = mg\ell(1-\cos\theta)$$

となる。

よって、ラグランジアンは

$$L = T - U = \frac{1}{2}m\ell^2(\theta')^2 - mg\ell(1-\cos\theta)$$

となり、広義運動量は

$$p_\theta = \frac{\partial L}{\partial \theta'} = m\ell^2\theta'$$

と与えられる。よってハミルトニアンは

$$H = \frac{1}{2m\ell^2}{p_\theta}^2 + mg\ell(1-\cos\theta)$$

となる。

正準方程式は

$$\frac{d\theta}{dt}=\frac{\partial H}{\partial p_\theta} \qquad \frac{dp_\theta}{dt}=-\frac{\partial H}{\partial \theta}$$

であるので

$$\frac{d\theta}{dt}=\frac{\partial H}{\partial p_\theta}=\frac{p_\theta}{m\ell^2} \qquad \frac{dp_\theta}{dt}=-\frac{\partial H}{\partial \theta}=-mg\ell\sin\theta$$

から

$$\frac{d^2\theta}{dt^2}=\frac{1}{m\ell^2}\frac{dp_\theta}{dt}=-\frac{g}{\ell}\sin\theta$$

という運動方程式がえられる。

これは、すでに求めた単振り子の運動方程式である。

演習 6-6　惑星運動に対応したラグランジアンは

$$L=\frac{1}{2}m\{(r')^2+r^2(\theta')^2\}+G\frac{mM}{r}$$

と与えられる[2]。これをもとに、ハミルトニアンを求めよ。

解)　自由度 2 の運動であり、ここでは、広義座標として (r, θ) を採用している。まず、広義運動量を求める。r 方向では

$$p_r=\frac{\partial L}{\partial r'}=mr'$$

となる。つぎに θ 方向では

$$p_\theta=\frac{\partial L}{\partial \theta'}=mr^2\theta'$$

となる。よって、ハミルトニアンは

$$H=(p_r\cdot r'+p_\theta\cdot\theta')-L$$

より

$$H=\frac{1}{2m}\left(p_r{}^2+\frac{1}{r^2}p_\theta{}^2\right)-G\frac{mM}{r}$$

---

[2] 第 3 章、演習 3-5 を参照。

となる。

惑星運動の正準方程式を求めると、まず、r 方向は

$$\frac{dr}{dt}=\frac{\partial H}{\partial p_r} \qquad \frac{dp_r}{dt}=-\frac{\partial H}{\partial r}$$

であり

$$\frac{dr}{dt}=\frac{\partial H}{\partial p_r}=\frac{p_r}{m} \qquad \frac{dp_r}{dt}=-\frac{\partial H}{\partial r}=\frac{{p_\theta}^2}{mr^3}-\frac{GMm}{r^2}$$

したがって

$$m\frac{d^2r}{dt^2}=\frac{{p_\theta}^2}{mr^3}-\frac{GMm}{r^2}$$

となる。つぎに θ 方向は

$$\frac{d\theta}{dt}=\frac{\partial H}{\partial p_\theta} \qquad \frac{dp_\theta}{dt}=-\frac{\partial H}{\partial \theta}$$

であるので

$$\frac{d\theta}{dt}=\frac{\partial H}{\partial p_\theta}=\frac{p_\theta}{mr^2} \qquad \frac{dp_\theta}{dt}=-\frac{\partial H}{\partial \theta}=0$$

から p_θ は定数となり、$d\theta/dt$ を ω と置くと

$$p_\theta=mr^2\omega$$

となる。

これを r 方向の方程式に代入すると

$$m\frac{d^2r}{dt^2}=mr\omega^2-\frac{GMm}{r^2}$$

という運動方程式となる。

これは、以前に求めた惑星の運動に関する方程式と一致している[3]。

6. 5.　最小作用の原理とハミルトニアン

ハミルトニアンは、ラグランジアンから

---

[3] 第3章、演習3-6を参照。

$$H = \sum_{i=1}^{n} p_i q_i{}' - L$$

というルジャンドル変換によってえられる。

この式を変形すると、ラグランジアンは

$$L = \sum_{i=1}^{n} p_i q_i{}' - H$$

と与えられる。

今後の取り扱いは、自由度が 1 でも複数の場合でも同様であるので、簡単化のために

$$L = pq' - H$$

として展開しよう。

ここで、最小作用の原理から

$$\delta I = \delta \int_{t_1}^{t_2} L dt = 0$$

が成立する。したがって

$$\delta \int_{t_1}^{t_2} L dt = \delta \int_{t_1}^{t_2} \{pq' - H(p,q)\} dt = 0$$

となる。

ここでは、ハミルトニアン H が p, q の関数であることを明示するために、$H(p,q)$ と表示している。まず

$$\delta \int_{t_1}^{t_2} pq' dt = \int_{t_1}^{t_2} \delta(pq') dt$$

について計算してみよう。

$$\delta(pq') = p\delta(q') + q'\delta p$$

であり

$$\int_{t_1}^{t_2} \delta(pq') dt = \int_{t_1}^{t_2} \{p\delta(q') + q'\delta p\} dt$$

ここで

$$p\delta(q') = p\delta\left(\frac{dq}{dt}\right) = p\frac{d}{dt}(\delta q)$$

である。部分積分を利用すると

$$\int_{t_1}^{t_2} p\delta(q')dt = \int_{t_1}^{t_2} \{p\frac{d}{dt}(\delta q)\}dt = \left[p\delta q\right]_{t_1}^{t_2} - \int_{t_1}^{t_2} \{\frac{dp}{dt}\delta q\}dt$$

ここで、t_1およびt_2においては$\delta q = 0$であるから、最初の項は0となり

$$\int_{t_1}^{t_2} p\delta(q')dt = -\int_{t_1}^{t_2} \{\frac{dp}{dt}\delta q\}dt = -\int_{t_1}^{t_2} p'\delta q dt$$

したがって

$$\int_{t_1}^{t_2} \delta(pq')dt = \int_{t_1}^{t_2} \{q'\delta p - p'\delta q\}dt$$

となる。つぎに

$$\delta H = \frac{\partial H}{\partial p}\delta p + \frac{\partial H}{\partial q}\delta q$$

であるから

$$\delta \int_{t_1}^{t_2} \{pq' - H(p,q)\}dt = \int_{t_1}^{t_2} \left\{\left(q' - \frac{\partial H}{\partial p}\right)\delta p - \left(p' + \frac{\partial H}{\partial q}\right)\delta q\right\}dt = 0$$

よって

$$q' - \frac{\partial H}{\partial p} = 0 \quad かつ \quad p' + \frac{\partial H}{\partial q} = 0$$

が条件となり、結局

$$\frac{dq}{dt} = \frac{\partial H}{\partial p} \qquad \frac{dp}{dt} = -\frac{\partial H}{\partial q}$$

という正準方程式が導出される。

　このように、最小作用の原理から、正準方程式を導出することが可能となるのである。

補遺2　ルジャンドル変換

変数変換の一種に**ルジャンドル変換** (Legendre transformation) と呼ばれるものがある。フランスの数学者ルジャンドル (Andrien-Marie Legendre, 1752-1833) が解析力学におけるラグランジアン (L)をハミルトニアン(H)に変換する際に用いたとされている。このため、解析力学においては必須のものとされている。

実は、本書の展開から明らかなように、ルジャンドル変換を知らなくとも、解析力学の流れに影響を与えるわけではない。あくまでも

$$H = T + U \qquad L = T - U$$

という定義を理解していれば十分だからである。

しかし、多くの解析力学の教科書が、ルジャンドル変換について言及している。また、変数変換によって、L から H が導入されたということを知っていれば、新たな展開につながる場合もある。

そこで、本書では、補遺において、この手法を紹介することにした。まず、その基本から復習してみよう。

図 6A-1 に示すような下に凸の関数

$$y = f(x)$$

のグラフを考える。

この曲線 $y = f(x)$ 上の点(x, y)を考え、この点での接線の傾きを p とする。この接線と y 軸の交点、すなわち y 切片を $-g(p)$とすると、接線を表す式は

$$y = px + \{-g(p)\} = px - g(p)$$

となる。

ここで、$g(p)$は y 切片に負の符号をつけたものとすることに注意する。(後ほど示すように、正の符号の場合もある。)

このとき、曲線上の点(x, y) に$(p, g(p))$ が 1 対 1 で対応する。そして、こ

の曲線上の点はすべて、新しい変数 p で表現することができる。つまり

$$(x, f(x)) \to (p, g(p))$$

のような変数変換が可能となる。これをルジャンドル変換と呼ぶのである。

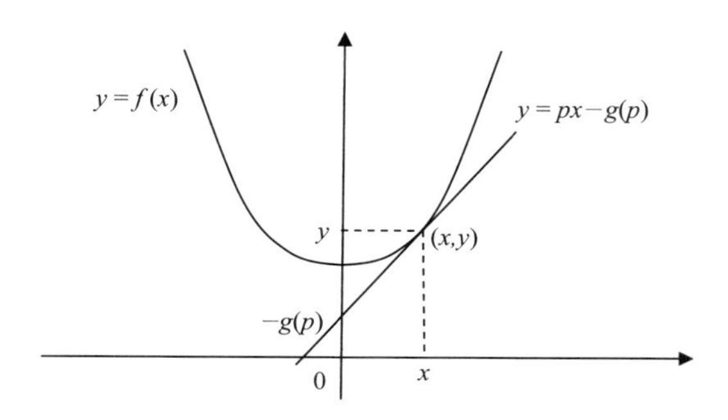

図 6A-1　ルジャンドル変換における変数変換

　ただし、関数によっては、このような変換ができない場合がある。まず、微分不可能な関数は対象外である。また、直線 $y=ax+b$ も変換不能である。基本的には、接線を滑らかに引くことができ、$g(p)$の値が重複しない下に凸（あるいは上に凸）のかたちをした関数が対象となる。

　それでは $g(p)$を求めてみよう。

$$y = f(x) = px - g(p)$$

であるから

$$g(p) = px - f(x)$$

となる。

　ただし、p は接線の傾きであるから

$$p = f'(x) = y'$$

という関係にある。

　具体例として、$y = x^2$ のルジャンドル変換を行ってみよう。

$$g(p) = px - f(x) = px - x^2$$

であるが

$$p = f'(x) = y' = 2x$$

から

$$x = \frac{p}{2}$$

となる。したがって、ルジャンドル変換によってえられる新たな関数は

$$g(p) = p \cdot \frac{p}{2} - \left(\frac{p}{2}\right)^2 = \frac{p^2}{4}$$

となる。

それでは、関数

$$y = \frac{x^2}{4}$$

のルジャンドル変換を行ってみよう。

$$g(p) = px - f(x) = px - \frac{x^2}{4}$$

であるが

$$p = f'(x) = y' = \frac{x}{2}$$

から

$$x = 2p$$

となる。したがって

$$g(p) = p \cdot (2p) - \frac{(2p)^2}{4} = p^2$$

となる。

実は、凸関数にルジャンドル変換を 2 回施すと、もとの関数に戻るのである。

ここで、ラグランジアン L を思い出そう。L は

$$L = L(q, q')$$

のように、q と q'の関数である。ところで

$$p = \frac{\partial L(q, q')}{\partial q'} = \frac{\partial L}{\partial q'}$$

という関係にあった。p は運動量であるが、この式を見れば、$L(q')$という関数の点 q'における接線の傾きとみなすことができる。とすれば、ルジャン

ドル変換が使える。

そこで、q は無視して、変数 q'のみに着目して $q' \to p$ のルジャンドル変換を L に施してみよう。このとき

$$g(p) = px - f(x)$$

における x を q'とみなし、fをラグランジアン L とすればよい。よって

$$g(p) = pq' - L(q')$$

という関係がえられる。ここで、p の関数としてえられた $g(p)$がハミルトニアン $H(p)$となる。よって

$$H(p) = pq' - L(q')$$

という関係がえられる。変換に、直接、関与しなかった変数 q も併せて表記すると

$$H(q, p) = pq' - L(q, q')$$

となる。このように、ラグランジアン L の変数 q'に関するルジャンドル変換がハミルトニアン H となるのである。

それでは、ルジャンドル変換を一般化してみよう。2 変数関数 $f(x, y)$ を考える。この全微分は

$$df(x, y) = \frac{\partial f(x, y)}{\partial x}dx + \frac{\partial f(x, y)}{\partial y}dy$$

となる。略記号を使うと

$$df = f_x dx + f_y dy$$

となる。ここで、独立変数 x のかわりに、微係数 f_x を変数とする関数をつくりたいものとしよう。そして、新たな関数 $g(f_x, y)$ を

$$g(f_x, y) = f(x, y) - f_x x$$

と置く。

これが、$x \to f_x$ のルジャンドル変換である[1]。この $g(f_x, y)$ の全微分は

$$dg = df - f_x dx - x df_x$$

となる。

先ほどの df を代入すると

$$dg = -x df_x + f_y dy$$

---

[1] ただし、符号を反転させた $g(f_x, y) = f_x x - f(x, y)$ という変換も採用される。実は、解析力学では、こちらの変換を使っている。

となる。もとの

$$df = f_x dx + f_y dy$$

と比べると、x の項だけが変数変換されていることがわかるであろう。

これは、3 変数、4 変数と変数の数が増えても同様である。例えば、4 変数関数 $f(x, y, z, w)$ を考える。この全微分は

$$df(x, y, z, w)$$
$$= \frac{\partial f(x, y, z, w)}{\partial x} dx + \frac{\partial f(x, y, z, w)}{\partial y} dy + \frac{\partial f(x, y, z, w)}{\partial z} dz + \frac{\partial f(x, y, z, w)}{\partial w} dw$$

となり、略記号を使うと

$$df = f_x dx + f_y dy + f_z dz + f_w dw$$

となる。

ここで y のかわりに、微係数 f_y を変数とする関数をつくりたいものとしよう。そして、新たな関数 $g(x, f_y, z, w)$ を

$$g(x, f_y, z, w) = f(x, y, z, w) - f_y y$$

と置こう。

これが、$y \rightarrow f_y$ のルジャンドル変換である。ところで、$g(x, f_y, z, w)$ の全微分は

$$dg = df - f_y dy - y df_y$$

となる。したがって

$$dg = f_x dx - y df_y + f_z dz + f_w dw$$

となり、確かに、変数 y が f_y にかわっていることがわかる。

ところで、符号を反転させてもよいことを紹介したが、いまのルジャンドル変換を

$$g(x, f_y, z, w) = f_y y - f(x, y, z, w)$$

のように置けば

$$dg = -f_x dx + y df_y - f_z dz - f_w dw$$

という結果となる。

こちらを採用する場合もあるが、もとの全微分形と比べると、変数変換しない項の符号が反転することになる。

それでは、いまの 4 変数関数において、変数を 2 個変えたい場合はどうしたらよいであろうか。例えば、x, z のかわりに f_x, f_z を変数とする関数を

つくりたいものとしよう。この場合は、新たな関数を

$$g(f_x, y, f_z, w) = f(x, y, z, w) - f_x x - f_z z$$

と置けばよいのである。

すると

$$dg = -x df_x + f_y dy - z df_z + f_w dw$$

となり、2 個の変数を変換できる。

まったく、同様にして、3 個の変数および 4 個の変数を変換することも可能である。

このように、微係数を新たな変数としたい場合には、ルジャンドル変換が有効である。解析力学では、ラグランジアン L の q' に関する偏微分が運動量 p という物理量に対応するために、ルジャンドル変換によって、運動量 p を変数とする関数であるハミルトニアンを導出することが可能となったのである。

実は、熱力学では、いろいろな微係数が熱力学関数に対応している。このため、ルジャンドル変換が有効である。例えば、内部エネルギーU のルジャンドル変換によって、自由エネルギーG が導出される。

第7章　電磁場と解析力学

7. 1.　電磁場

解析力学 (analytical mechanics) が、物理学において重用される理由のひとつに量子力学 (quantum mechanics) の建設に、その抽象的な表現方法が多いに役立ったということが挙げられる。量子力学とは、ミクロ粒子の運動、主として、電子の運動を記述するために構築された学問である。

20 世紀の初頭、人類が原子の構造 (atomic structure) を探求する過程で、原子の中心に正 (+) に帯電した原子核 (atomic nucleus) があり、そのまわりを負 (−)に帯電した電子 (electrons) が周回運動をしているという描像がえられた。そして、その電子の運動を記述するために建設されたのが量子力学である。

ちろん、当初は、電磁気学 (electromagnetism) と古典力学 (classical mechanics) を基に理論が展開されたが、すぐに、これら学問では説明できない多くの矛盾が明らかとなり、新しい物理として量子力学が建設されたのである。

本章では、そのもととなった電荷 (electric charge) の電磁場中での運動を考えてみよう。まず、基本として、自由空間 (free space)、つまりポテンシャルのない空間の中を、質量 m[kg]の粒子が運動する場合について、ラグランジアンとハミルトニアンを用いて、解析してみる。

広義座標として、直交座標の(x, y, z)を採用する。この場合、ポテンシャルエネルギーは $U=0$ であり、運動エネルギーTは

$$T=\frac{1}{2}m(x')^2+\frac{1}{2}m(y')^2+\frac{1}{2}m(z')^2$$

したがって、ラグランジアンは

$$L = T - U = \frac{1}{2}m(x')^2 + \frac{1}{2}m(y')^2 + \frac{1}{2}m(z')^2$$

となる。

ラグランジュの運動方程式は

$$\frac{d}{dt}\left(\frac{\partial L}{\partial x'}\right) - \frac{\partial L}{\partial x} = 0 \qquad \frac{d}{dt}\left(\frac{\partial L}{\partial y'}\right) - \frac{\partial L}{\partial y} = 0 \qquad \frac{d}{dt}\left(\frac{\partial L}{\partial z'}\right) - \frac{\partial L}{\partial z} = 0$$

の 3 個となる。x, y, z の 3 方向とも同様であるから、x について解析する。

$$\frac{\partial L}{\partial x'} = mx' \qquad \text{および} \qquad \frac{\partial L}{\partial x} = 0$$

から

$$\frac{d}{dt}\left(\frac{\partial L}{\partial x'}\right) - \frac{\partial L}{\partial x} = m\frac{dx'}{dt} = m\frac{d^2x}{dt^2} = 0$$

という運動方程式がえられる。

つぎに、ハミルトニアンについても見ておこう。ここで、広義運動量は

$$p_x = \frac{\partial L}{\partial x'} = mx' \qquad p_y = \frac{\partial L}{\partial y'} = my' \qquad p_x = \frac{\partial L}{\partial z'} = mz'$$

となるので、運動量は

$$T = \frac{{p_x}^2}{2m} + \frac{{p_y}^2}{2m} + \frac{{p_z}^2}{2m}$$

から、ハミルトニアンは

$$H = T + U = \frac{{p_x}^2}{2m} + \frac{{p_y}^2}{2m} + \frac{{p_z}^2}{2m}$$

となる。正準方程式は

$$\frac{dx}{dt} = \frac{\partial H}{\partial p_x} \quad \frac{dp_x}{dt} = -\frac{\partial H}{\partial x} \qquad \frac{dy}{dt} = \frac{\partial H}{\partial p_y} \quad \frac{dp_y}{dt} = -\frac{\partial H}{\partial y}$$

$$\frac{dz}{dt} = \frac{\partial H}{\partial p_z} \quad \frac{dp_z}{dt} = -\frac{\partial H}{\partial z}$$

の 3 組となる。x 座標についてみると

$$\frac{dx}{dt} = \frac{\partial H}{\partial p_x} = \frac{p_x}{m} \qquad \frac{dp_x}{dt} = -\frac{\partial H}{\partial x} = 0$$

したがって

$$p_x = const.$$

となり

$$\frac{dx}{dt} = v = \frac{p_x}{m} = const.$$

から、粒子は等速運動をすることになる。この結果は、y 方向、z 方向でも同様であり、粒子は 3 次元空間を、ある方向にまっすぐ進むことになる。これは、慣性運動に相当する。

演習 7-1　一様な大きさの電場 E [V/m] が x 方向のみに存在する場合、q[C] の電荷を有する質量 m[kg]の粒子の運動について、ラグランジアンを用いて解析し、運動方程式を求めよ。

解）　この系のポテンシャルエネルギーU を考える。この粒子に働く力は、位置に関係なく、常に一定で

$$F = qE \quad [\mathrm{N}]$$

となる。したがって

$$U = -\int F dx = -qEx$$

となり、ラグランジアンは

$$L = T - U = \frac{1}{2}m(x')^2 + qEx$$

となる。ラグランジュの運動方程式は

$$\frac{d}{dt}\left(\frac{\partial L}{\partial x'}\right) - \frac{\partial L}{\partial x} = 0$$

であるので

$$\frac{\partial L}{\partial x'} = mx' \qquad \text{および} \qquad \frac{\partial L}{\partial x} = qE$$

から

$$\frac{d}{dt}\left(\frac{\partial L}{\partial x'}\right) = m\frac{dx'}{dt} = m\frac{d^2x}{dt^2} = qE$$

という運動方程式がえられる。

これは、当たり前であるが、等加速度運動となり、一様な電場の中で荷電粒子は電場方向に加速される。これが加速器 (accelerator) の原理である。

同様の問題をハミルトニアンを使って解いてみよう。まず、広義運動量 (canonical momentum) は

$$p_x = \frac{\partial L}{\partial x'} = mx'$$

となるので、ハミルトニアンは

$$H = T + U = \frac{{p_x}^2}{2m} - qEx$$

と与えられる。

ここでは、正準方程式

$$\frac{dx}{dt} = \frac{\partial H}{\partial p_x} \qquad \frac{dp_x}{dt} = -\frac{\partial H}{\partial x}$$

から

$$\frac{dx}{dt} = \frac{\partial H}{\partial p_x} = \frac{p_x}{m} \qquad \frac{dp_x}{dt} = -\frac{\partial H}{\partial x} = qE$$

したがって

$$m\frac{d^2 x}{dt^2} = qE$$

となり、同じ結果がえられる。

実際の運動は 3 次元空間で生じるので、電場もベクトルとして考える必要がある。このとき、電場ベクトルは

$$\vec{\boldsymbol{E}} = -\mathrm{grad}\,\phi(x, y, z) \quad [\mathrm{V/m}]$$

のように、電位 (electric potential) と呼ばれるスカラー関数 $\phi(x, y, z)$ の grad によって与えられる。grad は英語の勾配である gradient の略であり、スカラーに作用してベクトルを生成するベクトル演算子である。成分で表示すれば

$$\vec{E} = \begin{pmatrix} E_x \\ E_y \\ E_z \end{pmatrix} = -\mathrm{grad}\phi(x, y, z) = -\begin{pmatrix} \partial\phi / \partial x \\ \partial\phi / \partial y \\ \partial\phi / \partial z \end{pmatrix}$$

となる。

この関係は重力場と同様である。ただし、$\phi(x, y, z)$ の単位は[V]でポテンシャルと呼ぶが、正確にはポテンシャルエネルギーではない。

電場のポテンシャルエネルギーは

$$U = q\phi(x, y, z) \quad [\mathrm{J}]$$

となる。

電場中に電荷 q [C]を置いたときに発生する力は

$$\vec{F} = \begin{pmatrix} F_x \\ F_y \\ F_z \end{pmatrix} = q\vec{E} = -q\begin{pmatrix} \partial\phi / \partial x \\ \partial\phi / \partial y \\ \partial\phi / \partial z \end{pmatrix} = -\mathrm{grad}(q\phi) = -\mathrm{grad}U \quad [\mathrm{N}]$$

のように、ベクトルとなる。

いまの問題も正式には

$$\vec{F} = \begin{pmatrix} F_x \\ F_y \\ F_z \end{pmatrix} = q\vec{E} = q\begin{pmatrix} E \\ 0 \\ 0 \end{pmatrix}$$

としたうえで

$$U = -\int \vec{F} \cdot d\vec{r}$$

とすべきである。そして

$$\vec{F} \cdot d\vec{r} = (qE \quad 0 \quad 0)\begin{pmatrix} dx \\ dy \\ dz \end{pmatrix} = qEdx$$

としたうえで、ポテンシャルエネルギーを求めることになる。

7. 2.　ローレンツ力

荷電粒子 (charged particle) の運動を考えるとき、電場 (electric field) だけではなく、磁場 (magnetic field) の影響も考える必要がある。さらに、磁場が存在する場合には、重力場 (gravitational field) の延長で粒子の運動を論じることができなくなることにも注意が必要となる。

その理由は、電荷が磁場中で運動すると力が働くからである。このとき、電荷 $+q$[C]に働く力ベクトル $\vec{F}$ [N]は電荷の速度ベクトル (velocity vector) を $\vec{v}$ [m/s]、磁場密度ベクトル (magnetic induction vector) を $\vec{B}$ [Wb/m^2]とすると

$$\vec{F} = q\vec{v} \times \vec{B} \quad [\mathrm{N}]$$

という式で与えられる。この力を**ローレンツ力** (Lorentz force) と呼んでいる。

ここで、右辺はベクトル積 (vector product) であるので、速度ベクトル $\vec{v}$ [m/s]の向きを x 軸、磁束密度ベクトル $\vec{B}$ [Wb/m^2]の向きを y 軸とすると、力ベクトル $\vec{F}$ [N]の向きは z 軸方向となる。また、当然のことながら、電荷が負の場合には、力の向きは逆方向になる。

ところで、ベクトル積の 3 次元の直交座標は、**右手系** (right handed system) を採用することになっている。右手系というのは、図 7-1 に示すように 3 次元座標の、x, y, z 軸が、それぞれ右手の親指、人差し指、中指に対応するものである。

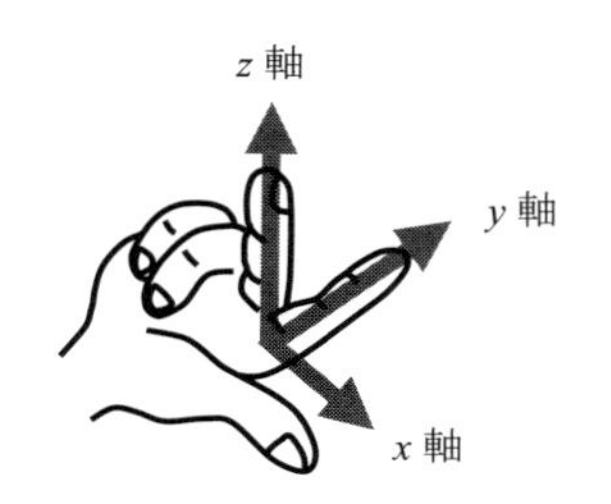

図 7-1　右手系の 3 次元座標

図 7-1 を参照しながら、あらためてベクトル積に対応したローレンツ力と電荷の運動ベクトル、磁場ベクトルとの関係を示すと、図 7-2 のようになる。

この関係は混同しやすいので、ベクトル積の計算においては、右手をみながら、方位関係を確認するのが得策である。

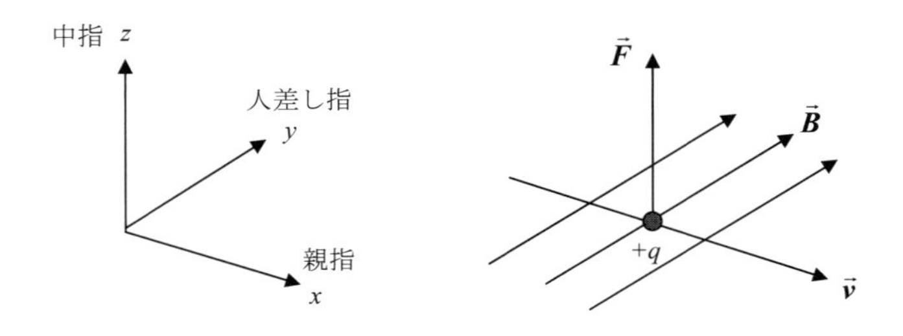

図 7-2　右手系の直交(x, y, z)座標と、ベクトル積に対応したローレンツ力

ここで、解析力学のポテンシャルエネルギーに戻って考えてみよう。ラグランジアン (L) やハミルトニアン (H) をつくるためには、運動エネルギー(T)とポテンシャルエネルギー(U)がわからなければならない。

重力場では、高低差がポテンシャルエネルギーの差となり、これに応じて、エネルギーの高いほうから低いほうに力（重力）が発生する。電場では、電位差がポテンシャルの差となり（実際には電位に電荷をかけたものがポテンシャルエネルギーとなる)、これに応じて、力（電気力）が発生する。いずれの場合にも 1 次元では

$$F = -\frac{dU}{dx}$$

と表記するが、3 次元空間では、力はベクトル、ポテンシャルエネルギーはスカラー (scalar) となり

$$\vec{F} = -\mathrm{grad}U$$

という関係にある。こちらが、より一般的な関係となる。

ところが、ローレンツ力は、この関係とはまったく異なるのである。もう一度、ローレンツ力の表式

$$\vec{F} = q\vec{v} \times \vec{B} \quad [\mathrm{N}]$$

を見てみよう。

まず、重力場や電場では、ポテンシャルエネルギーに差があれば静止物体に力が働くが、ローレンツ力は粒子が静止している時 ($v=0$) には働かずに、粒子が運動したときに、初めて働くものである。

いままで、力はポテンシャルエネルギーの差に起因すると考えてきたが、ローレンツ力の場合、それとは発想を変えなければならないのである。そして、なんと、スカラーではなくベクトルからなる新しいポテンシャルを導入して対処するのである。

電場と磁場が存在する場合の電荷が$+q$[C]の荷電粒子に働く力ベクトルは

$$\vec{\boldsymbol{F}} = q\vec{\boldsymbol{E}} + q\vec{\boldsymbol{v}} \times \vec{\boldsymbol{B}} \quad \text{[N]}$$

となる。成分を示せば

$$\begin{pmatrix} F_x \\ F_y \\ F_z \end{pmatrix} = q\begin{pmatrix} E_x \\ E_y \\ E_z \end{pmatrix} + q\begin{pmatrix} v_y B_z - v_z B_y \\ v_z B_x - v_x B_z \\ v_x B_y - v_y B_x \end{pmatrix}$$

となる。

ここで、この場合のポテンシャルについて考えてみよう。ローレンツ力も含めて

$$U = -\int \vec{\boldsymbol{F}} \cdot d\vec{\boldsymbol{r}}$$

という関係を適用し、ポテンシャルエネルギーを計算してみる。成分では

$$U = -\left(\int F_x dx + \int F_y dy + \int F_z dz\right)$$

となる。

ここで、ローレンツ力に対応した項のみ取り出すと

$$U_L = -q\int (v_y B_z - v_z B_y)dx - q\int (v_z B_x - v_x B_z)dy - q\int (v_x B_y - v_y B_x)dz$$

となる。

ここで、つぎのような関係を満足するベクトル$\vec{\boldsymbol{A}}$というものを考えよう。

$$\vec{\boldsymbol{B}} = \mathrm{rot}\,\vec{\boldsymbol{A}}$$

rot はベクトル演算子の一種で、成分で書けば

$$\vec{\boldsymbol{B}} = \mathrm{rot}\,\vec{\boldsymbol{A}} = \left(\frac{\partial A_z}{\partial y} - \frac{\partial A_y}{\partial z}\right)\vec{\boldsymbol{e}}_x + \left(\frac{\partial A_x}{\partial z} - \frac{\partial A_z}{\partial x}\right)\vec{\boldsymbol{e}}_y + \left(\frac{\partial A_y}{\partial x} - \frac{\partial A_x}{\partial y}\right)\vec{\boldsymbol{e}}_z$$

となる。

rot は回転の英語である rotation の略であり、右ねじを回転するときに、その進む方向に作り出されるベクトルである。距離に関する偏微分となっ

ており、B の単位が[Wb/m^2] であるので、単位は[Wb/m]となる。このベクトル $\vec{A}$ をベクトルポテンシャル (vector potential) と呼んでいる。

ここで、磁場ベクトルとベクトルポテンシャルの成分は

$$B_x = \frac{\partial A_z}{\partial y} - \frac{\partial A_y}{\partial z} \qquad B_y = \frac{\partial A_x}{\partial z} - \frac{\partial A_z}{\partial x} \qquad B_z = \frac{\partial A_y}{\partial x} - \frac{\partial A_x}{\partial y}$$

という対応関係にある。

よって、x 成分は

$$\int (v_y B_z - v_z B_y) dx = \int \left\{ v_y \left(\frac{\partial A_y}{\partial x} - \frac{\partial A_x}{\partial y} \right) - v_z \left(\frac{\partial A_x}{\partial z} - \frac{\partial A_z}{\partial x} \right) \right\} dx$$

となるが、簡単化のために z 方向にのみ均一な磁場 B_z が存在する場合を想定してみよう。すると

$$U_L = -q \int v_y B_z dx + q \int v_x B_z dy$$

と簡単となり、計算すると

$$U_L = -q \int v_y \left(\frac{\partial A_y}{\partial x} - \frac{\partial A_x}{\partial y} \right) dx + q \int v_x \left(\frac{\partial A_y}{\partial x} - \frac{\partial A_x}{\partial y} \right) dy$$

$$= -q \int v_y dA_y - q \int v_x dA_x = -q(v_x A_x + v_y A_y)$$

という結果がえられる。

結局、ローレンツ力に対応したポテンシャルエネルギーは

$$U_L = -q \vec{v} \cdot \vec{A}$$

と与えられることになる。

したがって、電位を $\phi = \phi(x, y, z)$ とすれば、電磁場のポテンシャルエネルギーは

$$U = q\phi - q\vec{v} \cdot \vec{A}$$

となる。

演習 7-2 時間変化しない電磁場中を運動する電荷$+q$[C]の荷電粒子の運動に対応したラグランジアンを求めよ。

解) 広義座標として、直交座標 (x, y, z) を使うと、粒子の運動エネルギ

一は

$$T=\frac{1}{2}m(x')^2+\frac{1}{2}m(y')^2+\frac{1}{2}m(z')^2$$

となる。

したがって、ラグランジアンは

$$\begin{aligned}L&=T-U\\&=\frac{1}{2}m(x')^2+\frac{1}{2}m(y')^2+\frac{1}{2}m(z')^2-q\phi(x,y,z)+q\{(x')A_x+(y')A_y+(z')A_z\}\end{aligned}$$

となる。

ラグランジアンは、ベクトル表示を用いて

$$L=\frac{1}{2}m(x')^2+\frac{1}{2}m(y')^2+\frac{1}{2}m(z')^2-q\phi+q\vec{\boldsymbol{v}}\cdot\vec{\boldsymbol{A}}$$

あるいは

$$L=\frac{1}{2}m\left|\vec{\boldsymbol{v}}\right|^2-q\phi+q\vec{\boldsymbol{v}}\cdot\vec{\boldsymbol{A}}$$

とする場合もある。

7. 3.　ベクトルポテンシャル

7. 3. 1.　ベクトルポテンシャルの効用

ここで、ベクトルポテンシャルについて、もう少し考察を加えてみる。ローレンツ力には、粒子の速度の項が入っている。そこで、粒子の運動量を $p=mv$ [kgm/s]としたときに成立する

$$\frac{d\vec{\boldsymbol{p}}}{dt}=\vec{\boldsymbol{F}}\quad\text{[N]}$$

という関係式を利用して、磁場中で運動している荷電粒子の運動を解析する。このとき

$$\frac{d\vec{\boldsymbol{p}}}{dt}=m\frac{d\vec{\boldsymbol{v}}}{dt}+q\vec{\boldsymbol{v}}\times\vec{\boldsymbol{B}}$$

と書けることになる。

両辺を時間に関して積分すると

$$\vec{p} = m\vec{v} + q\int \vec{v} \times \vec{B} dt$$

となる。ベクトルを成分で書くと

$$\begin{pmatrix} p_x \\ p_y \\ p_z \end{pmatrix} = m\begin{pmatrix} v_x \\ v_y \\ v_z \end{pmatrix} + q\begin{pmatrix} \int(v_y B_z - v_z B_y)dt \\ \int(v_z B_x - v_x B_z)dt \\ \int(v_x B_y - v_y B_x)dt \end{pmatrix}$$

となる。

ローレンツ力に対応した項は、ベクトル積であるがために、運動量の x 成分に、磁場や速度の y, z 成分が入っており、煩雑となっている。ここで、簡単化のために、磁場が z 方向を向いている場合を想定してみよう。すると、B_x, B_y 成分は 0 となるので

$$\begin{pmatrix} p_x \\ p_y \\ p_z \end{pmatrix} = m\begin{pmatrix} v_x \\ v_y \\ v_z \end{pmatrix} + q\begin{pmatrix} \int v_y B_z dt \\ -\int v_x B_z dt \\ 0 \end{pmatrix}$$

となる。

ところで

$$v_x = \frac{dx}{dt} \qquad v_y = \frac{dy}{dt}$$

という関係にあるので、被積分関数は

$$v_y B_z dt = \frac{dy}{dt} B_z dt = B_z dy \qquad v_x B_z dt = \frac{dx}{dt} B_z dt = B_z dx$$

と変換でき

$$\begin{pmatrix} p_x \\ p_y \\ p_z \end{pmatrix} = m\begin{pmatrix} v_x \\ v_y \\ v_z \end{pmatrix} + q\begin{pmatrix} \int B_z dy \\ -\int B_z dx \\ 0 \end{pmatrix}$$

となる。

x と y 成分を取り出すと

$$p_x = mv_x + q\int B_z dy \qquad p_y = mv_y - q\int B_z dx$$

となる。

ここで、ベクトルポテンシャル $\vec{A}$ と磁場ベクトル $\vec{B}$ の関係は

$$\vec{B} = \mathrm{rot}\vec{A} = \left(\frac{\partial A_z}{\partial y} - \frac{\partial A_y}{\partial z}\right)\vec{e}_x - \left(\frac{\partial A_z}{\partial x} - \frac{\partial A_x}{\partial z}\right)\vec{e}_y + \left(\frac{\partial A_y}{\partial x} - \frac{\partial A_x}{\partial y}\right)\vec{e}_z$$

である。

そして、磁場ベクトルの z 成分は

$$B_z = \frac{\partial A_y}{\partial x} - \frac{\partial A_x}{\partial y}$$

となるが、これを y および x で積分して、任意関数を無視すれば

$$\int B_z dy = -A_x \qquad \int B_z dx = A_y$$

という関係がえられる。先ほどの式に代入すると

$$p_x = mv_x - qA_x \qquad p_y = mv_y - qA_y$$

となり

$$\begin{pmatrix} p_x \\ p_y \\ p_z \end{pmatrix} = m\begin{pmatrix} v_x \\ v_y \\ v_z \end{pmatrix} - q\begin{pmatrix} A_x \\ A_y \\ 0 \end{pmatrix}$$

のように、ベクトルの成分が一致する。これは、z 成分にも拡張でき、結局

$$\vec{p} = m\vec{v} - q\vec{A}$$

という関係がえられる。運動量の(x, y, z)成分に、ベクトルポテンシャルの成分が対応する。これがベクトルポテンシャルを導入する利点のひとつである。

7. 3. 2.　ベクトルポテンシャルの導出

実際に、ベクトルポテンシャルを求めてみよう。簡単化のために、ここでは、z 方向を向いた磁場強度が B_z と一定の磁場に対応したベクトルポテンシャルを求めてみる。この磁場ベクトルは

$$\vec{B} = \begin{pmatrix} 0 \\ 0 \\ B_z \end{pmatrix}$$

と表記できる。

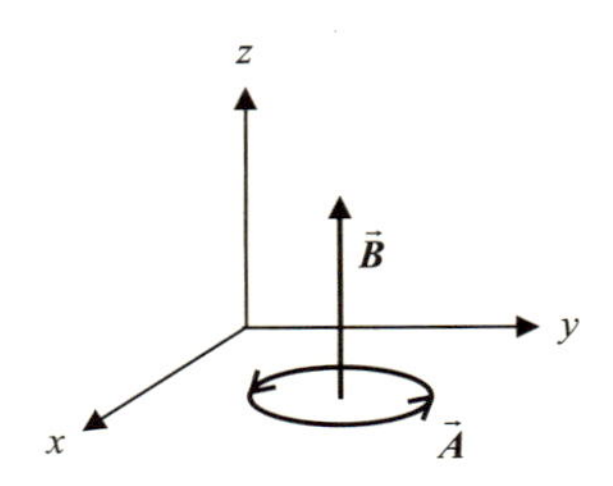

図 7-3　z 方向を向いた一定磁場のベクトル $\vec{B}$ と
ベクトルポテンシャル $\vec{A}$

ベクトルポテンシャルを $\vec{A} = (A_x, A_y, A_z)$ と置くと

$$\vec{B} = \mathrm{rot}\,\vec{A} = \left(\frac{\partial A_z}{\partial y} - \frac{\partial A_y}{\partial z}\right)\vec{e}_x + \left(\frac{\partial A_x}{\partial z} - \frac{\partial A_z}{\partial x}\right)\vec{e}_y + \left(\frac{\partial A_y}{\partial x} - \frac{\partial A_x}{\partial y}\right)\vec{e}_z$$

という対応関係にある（図 7-3 参照）。よって

$$\frac{\partial A_z}{\partial y} - \frac{\partial A_y}{\partial z} = 0 \quad \frac{\partial A_z}{\partial x} - \frac{\partial A_x}{\partial z} = 0 \quad \frac{\partial A_y}{\partial x} - \frac{\partial A_x}{\partial y} = B_z$$

となる。この条件を満足する組み合わせとして

$$A_x = -B_z y \qquad A_y = 0 \qquad A_z = 0$$

が考えられる。よってベクトルポテンシャルとして

$$\vec{A} = \begin{pmatrix} -B_z y \\ 0 \\ 0 \end{pmatrix}$$

を採用できる。ただし

$$\frac{\partial A_z}{\partial y} - \frac{\partial A_y}{\partial z} = 0 \quad \frac{\partial A_z}{\partial x} - \frac{\partial A_x}{\partial z} = 0 \quad \frac{\partial A_y}{\partial x} - \frac{\partial A_x}{\partial y} = B_z$$

という条件を満足する (A_x, A_y, A_z) はひとつではない。ベクトルポテンシャルとしては

$$\vec{A} = \begin{pmatrix} 0 \\ B_z x \\ 0 \end{pmatrix} \quad \text{や} \quad \vec{A} = \frac{1}{2}\begin{pmatrix} -B_z y \\ B_z x \\ 0 \end{pmatrix}$$

なども考えられる。

このように、ひとつの磁場ベクトルに対応したベクトルポテンシャルは多数存在する。

7. 3. 3.　ベクトルポテンシャルの不定性

ベクトルポテンシャルの任意性について、一般化してみよう。ある関数 $f(x,y,z)$ があるとき

$$\mathrm{rot}\,\mathrm{grad}\, f(x,y,z) = 0$$

という関係は、恒等的に成立する。よって

$$\vec{\boldsymbol{B}} = \mathrm{rot}\,\vec{\boldsymbol{A}}$$

を満足するベクトルポテンシャル $\vec{\boldsymbol{A}}$ のかわりに

$$\vec{\boldsymbol{A}}' = \vec{\boldsymbol{A}} + \mathrm{grad}\, f$$

というベクトルを考え、その rot をとると

$$\vec{\boldsymbol{B}} = \mathrm{rot}\,\vec{\boldsymbol{A}} + \mathrm{rot}\,\mathrm{grad}\, f = \mathrm{rot}\vec{\boldsymbol{A}}$$

となって、ベクトル $\vec{\boldsymbol{A}}'$ も磁場 $\vec{\boldsymbol{B}}$ のベクトルポテンシャルとなるのである。

すなわち、ベクトルポテンシャルには、関数 grad $f(x, y, z)$ だけの任意性があると一般化できるのである。

演習 7-3　つぎの 3 個のベクトルの rot が同じ値となることを確かめよ。

$$\vec{\boldsymbol{A}}_1 = \begin{pmatrix} -B_z y \\ 0 \\ 0 \end{pmatrix} \qquad \vec{\boldsymbol{A}}_2 = \begin{pmatrix} 0 \\ B_z x \\ 0 \end{pmatrix} \qquad \vec{\boldsymbol{A}}_3 = \frac{1}{2}\begin{pmatrix} -B_z y \\ B_z x \\ 0 \end{pmatrix}$$

解）　それぞれのベクトルの rot を求めると

$$\mathrm{rot}\vec{\boldsymbol{A}}_1 = \begin{pmatrix} 0 \\ \partial(-B_z y)/\partial z \\ -\partial(-B_z y)/\partial y \end{pmatrix} = \begin{pmatrix} 0 \\ 0 \\ B_z \end{pmatrix} \qquad \mathrm{rot}\vec{\boldsymbol{A}}_2 = \begin{pmatrix} \partial(B_z x)/\partial z \\ 0 \\ \partial(B_z x)/\partial x \end{pmatrix} = \begin{pmatrix} 0 \\ 0 \\ B_z \end{pmatrix}$$

$$\mathrm{rot}\vec{\boldsymbol{A}}_3 = \frac{1}{2}\begin{pmatrix} \partial(B_z x)/\partial z \\ -\partial(-B_z y)/\partial z \\ \partial(B_z x)/\partial x - \partial(-B_z y)/\partial y \end{pmatrix} = \frac{1}{2}\begin{pmatrix} 0 \\ 0 \\ B_z + B_z \end{pmatrix} = \begin{pmatrix} 0 \\ 0 \\ B_z \end{pmatrix}$$

となり、すべて同じとなる。

ここで、これらベクトル間には

$$\vec{A}_2 = \begin{pmatrix} 0 \\ B_z x \\ 0 \end{pmatrix} = \vec{A}_1 + \begin{pmatrix} B_z y \\ B_z x \\ 0 \end{pmatrix} \qquad \vec{A}_3 = \frac{1}{2}\begin{pmatrix} -B_z y \\ B_z x \\ 0 \end{pmatrix} = \vec{A}_1 + \frac{1}{2}\begin{pmatrix} B_z y \\ B_z x \\ 0 \end{pmatrix}$$

という関係がある。ところで

$$\mathrm{rot}\begin{pmatrix} B_z y \\ B_z x \\ 0 \end{pmatrix} = \begin{pmatrix} -\partial(B_z x)/\partial z \\ \partial(B_z y)/\partial z \\ \partial(B_z x)/\partial x - \partial(B_z y)/\partial y \end{pmatrix} = \begin{pmatrix} 0 \\ 0 \\ B_z - B_z \end{pmatrix} = \begin{pmatrix} 0 \\ 0 \\ 0 \end{pmatrix}$$

であるから、これら 3 個のベクトルの rot は

$$\mathrm{rot}\vec{A}_2 = \mathrm{rot}\vec{A}_1 + \mathrm{rot}\begin{pmatrix} B_z y \\ B_z x \\ 0 \end{pmatrix} = \mathrm{rot}\vec{A}_1 \qquad \mathrm{rot}\vec{A}_3 = \mathrm{rot}\vec{A}_1 + \frac{1}{2}\mathrm{rot}\begin{pmatrix} B_z y \\ B_z x \\ 0 \end{pmatrix} = \mathrm{rot}\vec{A}_1$$

となり、すべて同じベクトルとなる[1]。

演習 7-4　電場がなく、z 方向に均一な磁場 B [Wb/m^2]が印加されているときの電子の運動について、ラグランジアンを利用して解析せよ。

解）　この場合のベクトルポテンシャルとして

$$\vec{A} = \frac{1}{2}\begin{pmatrix} -B\,y \\ B\,x \\ 0 \end{pmatrix}$$

を選ぶ。すでに求めたように、ラグランジアンは

$$L = \frac{1}{2}m(x')^2 + \frac{1}{2}m(y')^2 + \frac{1}{2}m(z')^2 - q\phi + q\vec{v}\cdot\vec{A}$$

となる。

電場はないので$\phi = 0$ であり、電子の電荷は $q = -e$ であるから

$$L = \frac{1}{2}m(x')^2 + \frac{1}{2}m(y')^2 + \frac{1}{2}m(z')^2 - e\vec{v}\cdot\vec{A}$$

となる。

---

[1] $\mathrm{rot}(\vec{A} + \vec{B}) = \mathrm{rot}\vec{A} + \mathrm{rot}\vec{B}$ の関係を利用している。

したがって、ラグランジアンは

$$L=\frac{1}{2}m(x')^2+\frac{1}{2}m(y')^2+\frac{1}{2}m(z')^2+\frac{1}{2}eBy(x')-\frac{1}{2}eBx(y')$$

となる。

ラグランジュの運動方程式は

$$\frac{d}{dt}\left(\frac{\partial L}{\partial x'}\right)-\frac{\partial L}{\partial x}=0 \qquad \frac{d}{dt}\left(\frac{\partial L}{\partial y'}\right)-\frac{\partial L}{\partial y}=0 \qquad \frac{d}{dt}\left(\frac{\partial L}{\partial z'}\right)-\frac{\partial L}{\partial z}=0$$

である。まず、x 方向では

$$\frac{\partial L}{\partial x'}=mx'+\frac{1}{2}eBy \qquad \text{および} \qquad \frac{\partial L}{\partial x}=-\frac{1}{2}eBy'$$

から、ラグランジュ運動方程式は

$$\frac{d}{dt}\left(\frac{\partial L}{\partial x'}\right)=m\frac{d^2x}{dt^2}+\frac{1}{2}eB\frac{dy}{dt}=\frac{\partial L}{\partial x}=-\frac{1}{2}eB\frac{dy}{dt}$$

整理すると

$$m\frac{d^2x}{dt^2}+eB\frac{dy}{dt}=0$$

となる。y 方向では

$$\frac{\partial L}{\partial y'}=my'-\frac{1}{2}eBx \qquad \text{および} \qquad \frac{\partial L}{\partial y}=\frac{1}{2}eBx'$$

から、ラグランジュ運動方程式は

$$\frac{d}{dt}\left(\frac{\partial L}{\partial y'}\right)=m\frac{d^2y}{dt^2}-\frac{1}{2}eB\frac{dx}{dt}=\frac{\partial L}{\partial y}=\frac{1}{2}eB\frac{dx}{dt}$$

整理すると

$$m\frac{d^2y}{dt^2}-eB\frac{dx}{dt}=0$$

となる。z 方向では

$$m\frac{d^2z}{dt^2}=0$$

となる。

したがって、z 方向には等速運動をすることになるので、x, y 方向に注目する。すると

$$m\frac{d^2x}{dt^2}+eB\frac{dy}{dt}=0 \qquad m\frac{d^2y}{dt^2}-eB\frac{dx}{dt}=0$$

という 2 個の微分方程式がえられ、求める解は、これらを連立して解けばよいことがわかる。最初の式から

$$\frac{dy}{dt}=-\frac{m}{eB}\frac{d^2x}{dt^2}$$

となるので、次式に代入すると

$$-\frac{m^2}{eB}\frac{d^3x}{dt^3}-eB\frac{dx}{dt}=0 \qquad \frac{d^3x}{dt^3}=-\left(\frac{eB}{m}\right)^2\frac{dx}{dt}$$

となる。

これは、dx/dt について 2 階の微分方程式となり

$$\omega=\frac{eB}{m}$$

と置くと、一般解として

$$\frac{dx}{dt}=A\cos(\omega t+\theta)$$

がえられる。ただし、A と θ は定数である。

したがって

$$x=\int A\cos(\omega t+\theta)\,dt=\frac{A}{\omega}\sin(\omega t+\theta)+C_1$$

となる。ただし、C_1 は定数である。また

$$\frac{dy}{dt}=-\frac{m}{eB}\frac{d^2x}{dt^2}=-\frac{1}{\omega}\frac{d}{dt}\{A\cos(\omega t+\theta)\}=A\sin(\omega t+\theta)$$

から

$$y=\int A\sin(\omega t+\theta)dt=-\frac{A}{\omega}\cos(\omega t+\theta)+C_2$$

となる。C_2 も定数である。

よって、電子の運動は、C_3 を定数として

$$x=\frac{A}{\omega}\sin(\omega t+\theta)+C_1 \qquad y=-\frac{A}{\omega}\cos(\omega t+\theta)+C_2 \qquad z=vt+C_3$$

によって与えられる。ただし、v は z 方向の電子の初速である。

ここで

$$(x-C_1)^2+(y-C_2)^2=\left(\frac{A}{\omega}\right)^2$$

という関係にあるから、電子は xy 平面内で、座標(C_1, C_2)を中心として円運動をすることになり、その軌道半径の大きさは A/ω となる。これを**サイクロトロン運動** (cyclotron motion) と呼んでいる。そして、速度の z 成分があるときには、電子はらせん運動をすることになる。

それでは、電磁場のハミルトニアンを求めてみよう。まず、定義により広義運動量 (generalized momentum) を求める。

$$L=\frac{1}{2}m(x')^2+\frac{1}{2}m(y')^2+\frac{1}{2}m(z')^2+e\phi-e\bar{\boldsymbol{v}}\cdot\vec{\boldsymbol{A}}$$

$$=\frac{1}{2}m(x')^2+\frac{1}{2}m(y')^2+\frac{1}{2}m(z')^2+e\phi-e(x')A_x-e(y')A_y-e(z')A_z$$

となり

$$p_x=\frac{\partial L}{\partial x'}=m(x')-eA_x \qquad p_y=\frac{\partial L}{\partial y'}=m(y')-eA_y \qquad p_z=\frac{\partial L}{\partial z'}=m(z')-eA_z$$

と与えられる。

ところで、これら運動量は、力学的な運動量とは異なることに注意する必要がある。ここでいう力学的運動量 (mechanical momentum) とは

$$p_x{}^M=m(x') \qquad p_y{}^M=m(y') \qquad p_z{}^M=m(z')$$

のように、質量に速度をかけたもののことである。解析力学では、広義運動量が正準運動量 (canonical momentum) となる。

そして、運動エネルギーは

$$T=\frac{1}{2}m(x')^2+\frac{1}{2}m(y')^2+\frac{1}{2}m(z')^2$$

であるので、広義運動量を使えば

$$T=\frac{1}{2m}(p_x+eA_x)^2+\frac{1}{2m}(p_y+eA_y)^2+\frac{1}{2m}(p_z+eA_z)^2$$

となる。よって、ハミルトニアンは

$$H = T + U = \frac{1}{2m}(p_x + eA_x)^2 + \frac{1}{2m}(p_y + eA_y)^2 + \frac{1}{2m}(p_z + eA_z)^2 - e\phi$$

となる。

> **演習 7-5** 電場がなく、z 方向に均一な磁場 B [Wb/m^2]が印加されているときの電子の運動に対するハミルトニアンを導出せよ。

解) この場合のベクトルポテンシャルとして

$$\vec{A} = \frac{1}{2}\begin{pmatrix} -By \\ Bx \\ 0 \end{pmatrix}$$

を選ぶ。このとき、電場がないので、$\phi = 0$ であり、ハミルトニアンは

$$H = \frac{1}{2m}(p_x - \frac{1}{2}eBy)^2 + \frac{1}{2m}(p_y + \frac{1}{2}eBx)^2 + \frac{1}{2m}{p_z}^2$$

となる。

したがって

$$H = \frac{1}{2m}({p_x}^2 + {p_y}^2 + {p_z}^2) + \frac{eB}{2m}(p_y x - p_x y) + \frac{e^2B^2}{8m}(x^2 + y^2)$$

となる。

ここで、ハミルトニアンがえられたので、正準方程式による解法を行ってみよう。まず、x 方向の正準方程式

$$\frac{dx}{dt} = \frac{\partial H}{\partial p_x} \qquad \frac{dp_x}{dt} = -\frac{\partial H}{\partial x}$$

を求めてみる。

すると

$$\frac{dx}{dt} = \frac{\partial H}{\partial p_x} = \frac{p_x}{m} - \frac{eB}{2m}y \qquad \frac{dp_x}{dt} = -\frac{\partial H}{\partial x} = -\frac{eB}{2m}p_y - \frac{e^2B^2}{4m}x$$

となり、最初の式を t で微分して、2 式を代入すると

$$\frac{d^2x}{dt^2} = \frac{1}{m}\frac{dp_x}{dt} - \frac{eB}{2m}\frac{dy}{dt} = -\frac{eB}{2m^2}p_y - \frac{e^2B^2}{4m^2}x - \frac{eB}{2m}\frac{dy}{dt}$$

ここで、正準運動量は

$$p_y = m(y') - eA_y = m\frac{dy}{dt} - eA_y$$

であり

$$A_y = \frac{1}{2}Bx$$

であるから

$$p_y = m\frac{dy}{dt} - \frac{1}{2}eBx$$

となり、結局

$$\frac{d^2x}{dt^2} = -\frac{eB}{2m}\frac{dy}{dt} + \frac{e^2B^2}{4m^2}x - \frac{e^2B^2}{4m^2}x - \frac{eB}{2m}\frac{dy}{dt}$$

から

$$\frac{d^2x}{dt^2} = -\frac{eB}{m}\frac{dy}{dt}$$

という関係がえられる。

一方、y 方向の正準方程式

$$\frac{dy}{dt} = \frac{\partial H}{\partial p_y} \qquad \frac{dp_y}{dt} = -\frac{\partial H}{\partial y}$$

についても、同様にして

$$\frac{dy}{dt} = \frac{\partial H}{\partial p_y} = \frac{p_y}{m} + \frac{eB}{2m}x \qquad \frac{dp_y}{dt} = -\frac{\partial H}{\partial y} = \frac{eB}{2m}p_x - \frac{e^2B^2}{4m}y$$

最初の式を t で微分して、2 式を代入すると

$$\frac{d^2y}{dt^2} = \frac{1}{m}\frac{dp_y}{dt} + \frac{eB}{2m}\frac{dx}{dt} = \frac{eB}{2m^2}p_x - \frac{e^2B^2}{4m^2}y + \frac{eB}{2m}\frac{dx}{dt}$$

ここで、正準運動量は

$$p_x = m(x') - eA_x = m\frac{dx}{dt} - eA_x$$

であり

$$A_x = -\frac{1}{2}By$$

であるから

$$p_x = m\frac{dx}{dt} + \frac{1}{2}eBy$$

となり、結局

$$\frac{d^2 y}{dt^2} = \frac{eB}{2m^2}\frac{dx}{dt} + \frac{e^2 B^2}{4m^2}y - \frac{e^2 B^2}{4m^2}y + \frac{eB}{2m}\frac{dx}{dt}$$

から

$$\frac{d^2 y}{dt^2} = \frac{eB}{m}\frac{dx}{dt}$$

という関係がえられる。

あとは、先ほどの微分方程式

$$\frac{d^2 x}{dt^2} = -\frac{eB}{m}\frac{dy}{dt}$$

と連立して解けばよい。両辺を t に関して微分し、最初の式を代入すると

$$\frac{d^3 x}{dt^3} = -\frac{eB}{m}\frac{d^2 y}{dt^2} = -\frac{eB}{m}\left(\frac{eB}{m}\frac{dx}{dt}\right) = -\left(\frac{eB}{m}\right)^2 \frac{dx}{dt}$$

となり、ラグランジアンによって解析したときと、まったく同じ微分方程式がえられることがわかる。

第8章　正準変換

解析力学(analytical mechanics) を力学問題に適用する場合には、ラグランジュ方程式(Lagrange equation)とハミルトンの正準方程式(Hamilton's canonical equation)を理解し、使いこなせれば十分であり、本書において、これら手法の実際問題への適用例も示してきた。

すでに紹介したように、解析力学の利点は、広義座標 (generalized coordinates)が使える点にある。つまり、直交座標 (rectangular coordinates) や極座標 (polar coordinates) に限らず、自由度 (degree of freedom: *f*) を考慮して変数の数を指定すれば、どのような座標系においても、上記の方程式が、そのまま成立するという汎用性である。したがって、問題解法にもっとも簡単な座標系を選び、まったく同じ手法を適用すればよいことになる。

実は、この一般化が解析力学の特長であり、その形式は高度に抽象化することができる。そして、この抽象化が、量子力学の建設に重要な役割をはたしたという背景がある。本章では、その形式について紹介する。

8. 1.　運動量と位置

解析力学では、ラグランジアン(Lagrangian) L が主役を演じるが、これは

$$L = L(x, x')$$

のように、x および x'の関数である。x'は x が t の関数 $x(t)$として与えられれば、その時間微分によって求められるので、まったくの独立変数というわけではない。

一方、ハミルトニアン (Hamiltonian) は

$$H = H(p, q)$$

のように、運動量(momentum) p と位置(position) q の関数となっている。こ

のような表記にすれば、p と q は互いに独立した変数のような印象を与えるが

$$q = x \qquad p = mv = mx'$$

という関係にあるから、表記方法が異なるだけで、対象とする変数は L も H も同じなのである。

つまり、解析力学を代表するラグランジアン:L とハミルトニアン:H は、位置 : q と運動量 : p（あるいは速度 : $v=q'$）の関数となっているのである。ただし、運動量を p とすることで、運動方程式が 2 階の微分方程式である (d^2x/dt^2 の項を含む) のに対し、正準方程式は dp/dt のように 1 階で済むという利点を有する。形式が異なるだけで、いろいろな利点が生じる。これが解析力学の骨頂でもある。

ここで、少し、p と q のふたつの物理量を変数とする意味について考えてみよう。実は、ハミルトニアン H は、量子力学 (quantum mechanics) へと応用され、その建設に大きな貢献をはたしたという歴史的な経緯がある。これが、解析力学が、物理学において重用される理由のひとつである。

量子力学は、原子核のまわりの電子の運動を明らかにすることを主たる目的として発展した学問である。いわば、電子（もっと敷衍すればミクロ粒子）の動力学 (dynamics of electrons) と考えることもできる。ただし、作用する力は万有引力ではなく、前章で紹介したように、クーロン相互作用（クーロン力）である。

さて、電子の運動を解析するためには、もちろん、その位置 (q) を知る必要がある。しかし、位置がわかっているだけでは、電子の運動は解析できない。電子がどちらの方向に、どれくらいの速さで動くかがわかっていないと、その運動を捉えたことにならないからである。

つまり、電子の運動を知るためには、q だけでなく、p の情報も必要になる。ハミルトニアンが、変数として p と q の 2 個を必要とするのは、このような理由による。

ところで、いまの説明に水を差すようであるが、量子力学におけるミクロ粒子では、p と q を同時に決定することはできないともされている。いまだに、多くの反対論者がいる不確定性原理 (principle of uncertainty) である。これは、電子などのミクロ粒子の波動性を反映したものである。

8. 2.　位相空間

8. 2. 1.　単振動

原子(atom)の中の電子(electron)は、単純には、原子核(atomic nucleus)のまわりを回転運動しているものとみなすことができる。

ところで、円運動をある軸方向から眺めれば、単振動 (simple harmonics) に見える。例えば、3次元空間の電子の運動においても、図8-1に示すように、運動平面内の軸から眺めれば、単振動となる。

よって、量子力学建設の初期においては、単振動をもとに、電子の運動を解析するという簡単化が行われたのである。ただし、量子力学では、単振動ではなく、調和振動子と呼ぶことが多い。

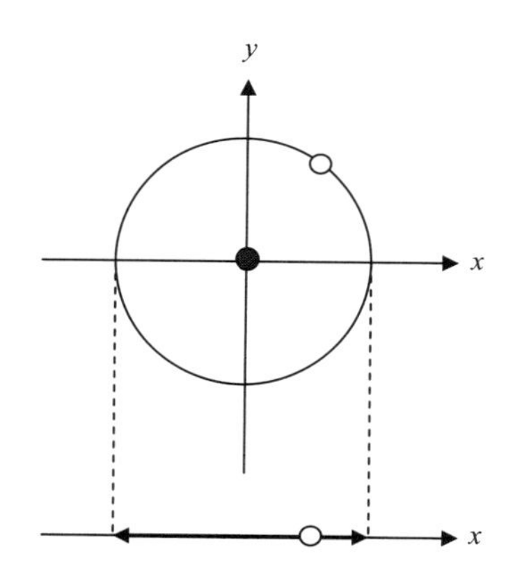

図8-1　円運動を、平面の軸方向から眺めると単振動となる。

ここで、単振動について、少し復習してみよう。質量 m[kg]の物体が、バネ定数 k [N/m]のバネにつながれて振動している場合のエネルギーを求める。運動量を p[kgm/s]とし、つりあい点からの変位を q[m]とする。

すると、運動エネルギーは

$$T=\frac{1}{2}mv^2=\frac{p^2}{2m}$$

と与えられる。

次に、ポテンシャルエネルギーを求めよう。まず、バネに発生する力は

$$F = -kq$$

であるので

$$U = -\int F dq = \frac{1}{2}kq^2$$

となり、結局、ハミルトニアンは

$$H = H(p,q) = \frac{p^2}{2m} + \frac{1}{2}kq^2$$

となる。

まさつのない運動では、このエネルギーは保存される。これを E と置くと

$$\frac{p^2}{2m} + \frac{1}{2}kq^2 = E$$

となる。

両辺を E で除すと

$$\frac{p^2}{2mE} + \frac{q^2}{2E/k} = 1$$

と与えられる。

これは、図 8-2 に示すように、p-q 平面における楕円(ellipse)となり、それぞれの軸の長さは

$$p = \sqrt{2mE} \qquad q = \sqrt{\frac{2E}{k}}$$

となる。

このように、単振動は、p-q 平面では楕円軌道(elliptic orbit)を描くことになる。そして、単振動を続ける限り、永遠に、この軌道上を動き続ける。このような平面を位相空間 (phase space)と呼んでいる。空間と呼ぶのは、実際の運動は 3 次元空間で生じ、少なくとも 3 組の(p, q)が必要となり、位相空間は 6 次元となるからである。一般には自由度 f の系では、その位相空間は $2f$ 次元となる。

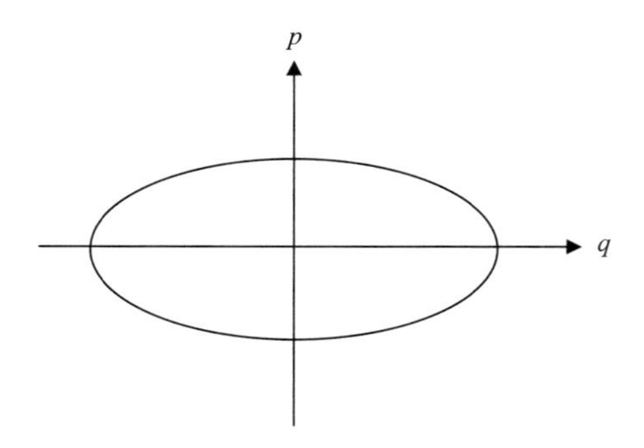

図 8-2　単振動の位相空間 (p-q 平面)

これら多次元空間 (multi-dimensional space)を描くことは、残念ながらできない。ただし、わかりやすく、かつ、有用なものは、2 次元の p-q 平面である。多次元系への適用が必要であれば、この平面を複数個描けばよいのである。

例えば、図 8-2 は x 軸に沿った運動の位相平面であるが、これを 3 次元の運動に拡張したいのであれば、y 軸、z 軸に沿った位相平面も描けばよいことになる。

解析力学では、位相平面である p-q 平面に描かれた軌道のことをトラジェクトリー (trajectory)と呼んでいる。トラジェクトリーとは、もともとは弾道や飛行物体の航路のことを指し、flight path と同義である。惑星の軌道も trajectory と呼ばれる。

ここで、図 8-2 の楕円の面積を計算してみよう。すると

$$S = \pi pq = \pi\sqrt{2mE}\sqrt{\frac{2E}{k}} = 2\pi\sqrt{\frac{m}{k}}E$$

となる。右辺の E 以外の変数は m も k も定数であるから、位相空間におけるトラジェクトリーが囲む面積は、その系のエネルギーに比例することになる。

ここで、第 3 章で導入した作用 (action) について思い出してみよう。それは

$$J = \int pdq$$

と与えられるのであった。作用積分 (action integral) とも呼んでいる。

第 3 章では、記号として I を使用していたが、位相空間の作用は、通常 J という表記を採用するので、ここでは、J としている。

これは、p-q 平面ではトラジェクトリーが囲む面積に相当する。つまり、位相平面において、トラジェクトリーが囲む面積は、作用となるのである。これは、トラジェクトリーに沿って、1 周だけ積分したものであり、周回積分 (contour integration) となる。よって

$$J = \oint pdq$$

と表記するのが通例である。まさつがない（熱が発生しない）運動においては、この値は不変であるため、断熱不変量 (adiabatic invariable) と呼ぶこともある。

ところで、先ほど求めたように、トラジェクトリーによって囲まれた面積は

$$J = 2\pi\sqrt{\frac{m}{k}}E$$

となっている。

実は、単振動においては

$$\omega = \sqrt{\frac{k}{m}}$$

という関係にあり、ωは角速度に相当する。したがって、その逆数に 2πを乗じたもの（あるいは 2πをωで除したもの）は

$$2\pi\sqrt{\frac{m}{k}} = \frac{2\pi}{\omega} = t$$

となり、単振動の周期となる。

したがって

$$J = Et$$

となり、作用がエネルギー×時間という単位になることがわかる。第 3 章で、取り上げた作用は、運動エネルギーを T として

$$J = \int 2T dt$$

であったが、単位はエネルギー×時間であることに変わりはない。

ここで、振動数をν[s^{-1}]と置くと

$$J = \frac{E}{\nu} \qquad E = J\nu$$

となる。

実は、量子力学は、これら関係が発展して建設されている。例えば、最後の式において、電子軌道として許されるのは、電子波の整数倍の軌道であり、その結果、Jがとびとびの値をとるとして、導入されたのが

$$E = \left(n + \frac{1}{2}\right) h\nu$$

という有名な式である。これは、電子軌道では $J = \oint p dq$ が量子化(quantization)されるという考えに基づいているのである。

8. 2. 2.　一般の運動

あるポテンシャルエネルギーUのもとで運動する物体のエネルギーは

$$\frac{p^2}{2m} + U(q) = E$$

と与えられる。

一般に、ポテンシャルエネルギーは位置のみの関数となるので、$U(q)$と表記している。すると

$$p = \pm\sqrt{2m\{E - U(q)\}}$$

という関係がえられる。

このグラフを p-q 平面に描けば、それが一般の運動に対応したトラジェクトリーとなる。

ここで、ポテンシャルのない場では、$U = 0$ となるので

$$p = \pm\sqrt{2mE}$$

となり、p は q に関係なく、一定の値をとり、トラジェクトリーは直線となることがわかる。

これは、等速直線運動に対応する。±の符号は、物体が q 軸上で右方向に

進む場合に正、左方向に進む場合は負となる。

> **演習 8-1**　高さ h [m] から質量 m [kg]の物体を自由落下させるときの、トラジェクトリーを描け。ただし、重力加速度を g[m/s^2]とする。

解）　q を高さにとる。$E=mgh$、$U=mgq$ であり、$p<0$ であるから

$$p=-\sqrt{2m\{E-U(q)\}}=-\sqrt{2m(mgh-mgq)}=-m\sqrt{2g(h-q)}$$

となり、トラジェクトリーは図 8-3 のようになる。

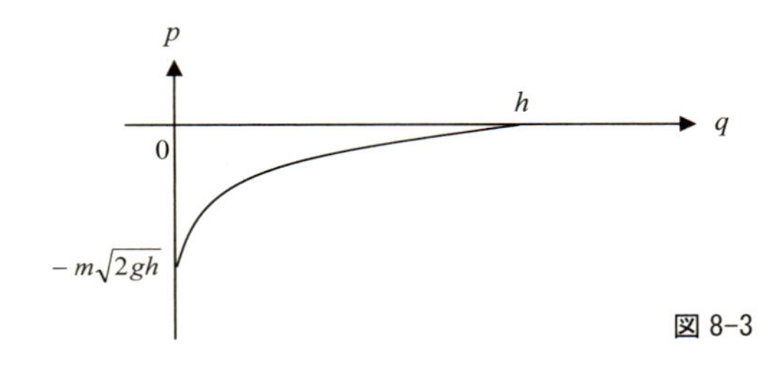

図 8-3

この運動の作用は

$$J=\int pdq$$

となるから、図 8-3 において、p 軸および q 軸と曲線とに囲まれた部分の面積となる。実際に計算してみると

$$J=\int pdq=\int_h^0\left\{-m\sqrt{2g(h-q)}\right\}dq=\frac{2}{3}mh\sqrt{2gh}$$

と求められる。ここで、高さ h [m] から落下させているので、積分範囲は h →0 となる。

8. 3.　正準変換

単振動の p-q 関係である

$$\frac{p^2}{2mE}+\frac{q^2}{2E/k}=1$$

において

$$A^2=\frac{p^2}{2mE} \qquad B^2=\frac{q^2}{2E/k}$$

という新たな変数 A, B をつくってみよう。

ここでは

$$A=\frac{1}{\sqrt{2mE}}p \qquad B=\sqrt{\frac{k}{2E}}q$$

という変数変換をしたことになる。

すると

$$A^2+B^2=1$$

となり、半径 1 の円となる。このままでは、その面積はπとなるので、先ほどの楕円とは異なっている。そこで、作用が先ほどの p-q 平面と同じなるような円を考える[1]。半径を R とすると

$$P^2+Q^2=R^2$$

となり

$$P=RA=\frac{R}{\sqrt{2mE}}p \qquad Q=RB=R\sqrt{\frac{k}{2E}}q$$

となる。ここで

$$J=2\pi\sqrt{\frac{m}{k}}E=\pi R^2$$

から、半径は

$$R=\sqrt{2E}\left(\frac{m}{k}\right)^{\frac{1}{4}}$$

となる。よって

$$P=\frac{R}{\sqrt{2mE}}p=\frac{1}{(mk)^{\frac{1}{4}}}p=(mk)^{-\frac{1}{4}}p \qquad Q=R\sqrt{\frac{k}{2E}}q=(mk)^{\frac{1}{4}}q$$

---

[1] トランジェクトリーを楕円から円に変える利点については後ほど説明する。

という変数変換を行えば、同じ作用を与え、トラジェクトリーが円となる新たな座標(P, Q)を与えることができる。

ここで、逆変換は

$$p = (mk)^{\frac{1}{4}} P \qquad q = (mk)^{-\frac{1}{4}} Q$$

となるので

$$\frac{p^2}{2m} + \frac{1}{2}kq^2 = E$$

に代入すると

$$\frac{(mk)^{\frac{1}{2}}}{2m} P^2 + \frac{1}{2}k(mk)^{-\frac{1}{2}} Q^2 = E$$

となり、整理すると

$$\frac{1}{2}\sqrt{\frac{k}{m}} P^2 + \frac{1}{2}\sqrt{\frac{k}{m}} Q^2 = E$$

となる。

あるいは角速度ωを使えば

$$\frac{\omega}{2} P^2 + \frac{\omega}{2} Q^2 = E$$

となる。

このとき、新たな変数であるP, Qに対応したハミルトニアンは

$$K = K(P,Q) = \frac{1}{2}\sqrt{\frac{k}{m}} P^2 + \frac{1}{2}\sqrt{\frac{k}{m}} Q^2$$

とみなせる。

ここで、正準方程式

$$\frac{dq}{dt} = \frac{\partial H}{\partial p} \qquad \frac{dp}{dt} = -\frac{\partial H}{\partial q}$$

が、新しい座標系(P, Q) においても成立するものと仮定する。つまり、

$$\frac{dQ}{dt} = \frac{\partial K}{\partial P} \quad \frac{dP}{dt} = -\frac{\partial K}{\partial Q}$$

と考える。すると

$$\frac{\partial K}{\partial P} = \sqrt{\frac{k}{m}}P \qquad \frac{\partial K}{\partial Q} = \sqrt{\frac{k}{m}}Q$$

となるから

$$\frac{dQ}{dt} = \sqrt{\frac{k}{m}}P \qquad \frac{dP}{dt} = -\sqrt{\frac{k}{m}}Q$$

となり

$$\frac{d^2Q}{dt^2} = \sqrt{\frac{k}{m}}\frac{dP}{dt} = -\frac{k}{m}Q$$

から

$$m\frac{d^2Q}{dt^2} = -kQ$$

となる。これはまさに、単振動の運動方程式である。

演習 8-2　ハミルトニアンが $H = p^2/2m + (k/2)q^2$ と与えられる系において、変数変換 $P = (mk)^{-1/4}p$ および $Q = (mk)^{1/4}q$ によってえられる新たな変数 (P, Q) が正準方程式を満足することを示せ。

解)　この系のハミルトニアンは

$$K = \frac{1}{2}\sqrt{\frac{k}{m}}P^2 + \frac{1}{2}\sqrt{\frac{k}{m}}Q^2$$

である。ここで

$$\frac{dQ}{dt} = (mk)^{\frac{1}{4}}\frac{dq}{dt} = (mk)^{\frac{1}{4}}\frac{\partial H}{\partial p} = (mk)^{\frac{1}{4}}\frac{p}{m} = (mk)^{\frac{1}{2}}\frac{P}{m} = \sqrt{\frac{k}{m}}P$$

$$\frac{\partial K}{\partial P} = \sqrt{\frac{k}{m}}P$$

より

$$\frac{dQ}{dt} = \frac{\partial K}{\partial P}$$

が成立する。つぎに

$$\frac{dP}{dt} = (mk)^{-\frac{1}{4}}\frac{dp}{dt} = -(mk)^{-\frac{1}{4}}\frac{\partial H}{\partial q} = -(mk)^{-\frac{1}{4}}kq = -(mk)^{-\frac{1}{2}}kQ = -\sqrt{\frac{k}{m}}Q$$

$$\frac{\partial K}{\partial Q} = \sqrt{\frac{k}{m}} Q$$

より

$$\frac{dP}{dt} = -\frac{\partial K}{\partial Q}$$

が成立し、正準方程式が成立することがわかる。

したがって、$(p, q) \rightarrow (P, Q)$ という変数変換においては、新たなハミルトニアン K を導入すると、ハミルトンの正準方程式の形式が維持される。このような変換を**正準変換** (canonical transformation) と呼んでいる。変数(p, q) や (P, Q)を正準変数という。

いま行った正準変換では、位相空間におけるトラジェクトリーが楕円から円に変わる。この変換の利点は、円運動では極座標(r, θ) を広義座標に採用すると

$$\frac{dr}{dt} = 0 \qquad \frac{d\theta}{dt} = \omega$$

となり、正準方程式が単純化でき、ただちに、$r = a$（定数）, $\theta = \omega t$ という解がえられる。これが、変数変換の意義のひとつである。

演習 8-3 正準変数 (p, q) のハミルトニアンが

$$H(p, q) = \frac{\omega}{2} p^2 + \frac{\omega}{2} q^2$$

と与えられるとき、つぎの変数変換によってえられる新たな変数(P, Q)が正準変数となることを確かめよ。

$$p = \sqrt{2P} \cos Q \qquad q = \sqrt{2P} \sin Q$$

解） ハミルトニアンの変数を P, Q に変換してみよう。すると

$$H = \frac{\omega}{2} p^2 + \frac{\omega}{2} q^2 \qquad K = \frac{\omega}{2}(2P\cos^2 Q) + \frac{\omega}{2}(2P\sin^2 Q) = \omega P$$

となる。

ここで、正準方程式

$$\frac{dQ}{dt} = \frac{\partial K}{\partial P} \qquad -\frac{dP}{dt} = \frac{\partial K}{\partial Q}$$

が成立するかを確かめてみよう。

まず、P, Q を p, q で表現しよう。$q = \sqrt{2P}\sin Q$ を $p = \sqrt{2P}\cos Q$ で辺々除すと

$$\frac{q}{p} = \frac{\sqrt{2P}\sin Q}{\sqrt{2P}\cos Q} = \tan Q \qquad より \qquad Q = \tan^{-1}\left(\frac{q}{p}\right)$$

となる。つぎに両辺を平方して、辺々を加えると

$$p^2 + q^2 = 2P(\sin^2 Q + \cos^2 Q) = 2P \qquad より \qquad P = \frac{p^2 + q^2}{2}$$

となる。

ここで

$$\frac{d}{dx}\left(\tan^{-1} x\right) = \frac{1}{1+x^2}$$

という微分公式を使うと

$$\frac{dQ}{dt} = \frac{1}{1+(q/p)^2}\frac{d}{dt}\left(\frac{q}{p}\right)$$

となる。

$$\frac{d}{dt}\left(\frac{q}{p}\right) = \frac{q'p - p'q}{p^2}$$

であるから

$$\frac{dQ}{dt} = \frac{1}{1+(q/p)^2}\frac{q'p - p'q}{p^2} = \frac{q'p - p'q}{p^2 + q^2}$$

となる。

p, q に関する正準方程式から

$$\frac{dq}{dt} = q' = \frac{\partial H}{\partial p} = \omega p \qquad \frac{dp}{dt} = p' = -\frac{\partial H}{\partial q} = -\omega q$$

という関係にあるので

$$\frac{dQ}{dt} = \frac{q'p - p'q}{p^2 + q^2} = \frac{\omega(p^2 + q^2)}{p^2 + q^2} = \omega$$

となる。

一方、$K=\omega P$ であるから $\dfrac{\partial K}{\partial P}=\omega$ となり

$$\frac{\partial Q}{\partial t}=\frac{\partial K}{\partial P}$$

が成立する。

つぎに

$$\frac{dP}{dt}=p\frac{dp}{dt}+q\frac{dq}{dt}=\omega pq-\omega pq=0$$

となり $K=\omega P$ であるから $\dfrac{\partial K}{\partial Q}=0$ となり

$$\frac{\partial P}{\partial t}=-\frac{\partial K}{\partial Q}$$

が成立し、よって、変数 $P,\ Q$ においても正準方程式が成立することがわかる。

演習 8-3 で扱った変換は、直交座標から極座標への変換である。この正準変換によって、ハミルトニアンと正準方程式は

$$K=\omega P \qquad \frac{\partial Q}{\partial t}=\omega \qquad \frac{\partial P}{\partial t}=0$$

と簡単化されるのである。

この正準方程式は、ただちに解法することができ、a, b を定数として

$$Q=\omega t+a \qquad P=b$$

が解となる。

実は、正準変換は、数学的には、最小作用の原理を与えるラグランジアン L の任意性と関係している。もちろん、物理的な意味では、ラグランジアンは $L=T-U$ で十分であるが、実は、その任意性のために、数学的な拡張が可能となる。

このとき、正準変換は、母関数から求めることができるのである。それを次節で説明しよう。

8. 4.　母関数

8. 4. 1.　ラグラジュ方程式の不定性

ラグランジュ方程式は

$$\frac{d}{dt}\left(\frac{\partial L}{\partial x'}\right)-\frac{\partial L}{\partial x}=0$$

であった。

ここで、ラグランジアン L は

$$L=T-U$$

と与えられ、重力場では

$$L=\frac{1}{2}m(x')^2+mgx$$

となる。これをラングランジュ方程式に代入すると

$$\frac{\partial L}{\partial x'}=mx' \qquad \frac{d}{dt}\left(\frac{\partial L}{\partial x'}\right)=m\frac{dx'}{dt}=m\frac{d^2x}{dt^2} \qquad \frac{\partial L}{\partial x}=mg$$

から

$$m\frac{d^2x}{dt^2}=mg$$

となり、運動方程式がえられる。これが解析力学における典型的な解法パターンである。ところで、われわれは $L=T-U$ を所与のものとし

$$\delta I=\delta\int_{t_1}^{t_2}Ldt=0$$

を満足する条件から運動を解析しているが、実は、この方程式を満足する L には不定性があるのである。

例えば

$$F=L+x'x=\frac{1}{2}m(x')^2+mgx+x'x$$

という関数を考えてみよう。

すると

$$\frac{\partial F}{\partial x'}=mx'+x \qquad \frac{d}{dt}\left(\frac{\partial F}{\partial x'}\right)=m\frac{dx'}{dt}+\frac{dx}{dt}=m\frac{d^2x}{dt^2}+x' \qquad \frac{\partial F}{\partial x}=mg+x'$$

から、ラグランジュ方程式

$$\frac{d}{dt}\left(\frac{\partial F}{\partial x'}\right)-\frac{\partial F}{\partial x}=0$$

に代入すれば

$$m\frac{d^2x}{dt^2}+x'-(mg+x')=0$$

となって

$$m\frac{d^2x}{dt^2}=mg$$

というように、L の場合とまったく同じ運動方程式がえられるのである。この例のように、作用積分を最小化する関数は無数に存在することが知られている。

いまの関数 F が、L と同じ結果を与える背景は

$$\delta\int_{t_1}^{t_2} x' x dt=0$$

となるからである。

つまり $F=L+f$ としたとき

$$\delta\int_{t_1}^{t_2} F dt=\delta\int_{t_1}^{t_2} (L+f)dt=\delta\int_{t_1}^{t_2} L dt+\delta\int_{t_1}^{t_2} f dt=0$$

のように

$$\delta\int_{t_1}^{t_2} f dt=0$$

を満足すれば F もまた、ラグランジアンとなりうるのである。そして、この関係を満足する f は、無数にある。

演習 8-4 重力場のラグランジアン $L=(1/2)m(x')^2+mgx$ において、$f=x'e^x$ としたときに、$F=L+f$ としたラグランジュ方程式からも同じ運動方程式が導出されることを確かめよ。

解） 新たな関数は $F=L+f=\dfrac{1}{2}m(x')^2+mgx+x'e^x$ である。

すると

$$\frac{\partial F}{\partial x'} = mx' + e^x \qquad \frac{d}{dt}\left(\frac{\partial F}{\partial x'}\right) = m\frac{dx'}{dt} + \frac{dx}{dt}e^x = m\frac{d^2x}{dt^2} + x'e^x \qquad \frac{\partial F}{\partial x} = mg + x'e^x$$

から、ラグランジュ方程式

$$\frac{d}{dt}\left(\frac{\partial F}{\partial x'}\right) - \frac{\partial F}{\partial x} = 0$$

に代入すれば

$$m\frac{d^2x}{dt^2} + x'e^x - (mg + x'e^x) = 0$$

となって

$$m\frac{d^2x}{dt^2} = mg$$

となり、L の場合とまったく同じ運動方程式がえられる。

それでは、f の条件はどうなるだろうか。実は、W を x, p, t に関する任意の関数とすると、f は

$$f = \frac{dW(x,p,t)}{dt}$$

によって与えられる。驚くべきことに、W は x, p, t の関数であれば何でも良いのである。とすれば、単純に、x のみの関数でもよいことになる。

実は、いまの $f=x'x$ は $W=(1/2)x^2$ という x のみの関数に、そして $f = x'e^x$ は $W = e^x$ 対応しているのである。実際

$$\frac{dW}{dt} = \frac{d}{dt}\left(\frac{1}{2}x^2\right) = x\frac{dx}{dt} = x'x \qquad \frac{dW}{dt} = e^x\left(\frac{dx}{dt}\right) = x'e^x$$

となる。そして、この W のことを母関数 (generating function) と呼んでいる。つまり

$$F = L + \frac{dW}{dt}$$

によって、作用積分を最小にする新たな関数 F を産み出すことができるからである。

演習 8-5　母関数$W_1 = \sin x$，$W_2 = x^3$に対応した新たなラグランジアンを求め、同じラグランジュ方程式がえられることを示せ。

解）

$$f_1 = \frac{dW_1}{dt} = \cos x \frac{dx}{dt} = x' \cos x \qquad f_2 = \frac{dW_2}{dt} = 2x^2 \frac{dx}{dt} = 2x' x^2$$

であり、もとのラグランジアンをLとおくと、求める関数は、それぞれ

$$F_1 = L + f_1 = L + x' \cos x \qquad F_2 = L + f_2 = L + 2x' x^2$$

となる。

まず

$$\frac{\partial F_1}{\partial x'} = \frac{\partial L}{\partial x'} + \cos x \qquad \frac{d}{dt}\left(\frac{\partial F_1}{\partial x'}\right) = \frac{d}{dt}\left(\frac{\partial L}{\partial x'}\right) - \frac{dx}{dt}\sin x = \frac{d}{dt}\left(\frac{\partial L}{\partial x'}\right) - x' \sin x$$

$$\frac{\partial F_1}{\partial x} = \frac{\partial L}{\partial x} - x' \sin x$$

から

$$\frac{d}{dt}\left(\frac{\partial F_1}{\partial x'}\right) - \frac{\partial F_1}{\partial x} = \frac{d}{dt}\left(\frac{\partial L}{\partial x'}\right) - x' \sin x - \frac{\partial L}{\partial x} + x' \sin x = \frac{d}{dt}\left(\frac{\partial L}{\partial x'}\right) - \frac{\partial L}{\partial x}$$

となり、$x' \sin x$が互いに打ち消しあうから同じラグランジュ方程式となる。

同様にして

$$\frac{\partial F_2}{\partial x'} = \frac{\partial L}{\partial x'} + 2x^2 \qquad \frac{d}{dt}\left(\frac{\partial F_2}{\partial x'}\right) = \frac{d}{dt}\left(\frac{\partial L}{\partial x'}\right) + 4x\left(\frac{dx}{dt}\right) = \frac{d}{dt}\left(\frac{\partial L}{\partial x'}\right) + 4x' x$$

$$\frac{\partial F_2}{\partial x} = \frac{\partial L}{\partial x} + 4x' x$$

から

$$\frac{d}{dt}\left(\frac{\partial F_2}{\partial x'}\right) - \frac{\partial F_2}{\partial x} = \frac{d}{dt}\left(\frac{\partial L}{\partial x'}\right) + 4x' x - \frac{\partial L}{\partial x} - 4x' x = \frac{d}{dt}\left(\frac{\partial L}{\partial x'}\right) - \frac{\partial L}{\partial x}$$

となり、$4x' x$が互いに打ち消しあうから同じラグランジュ方程式となる。

以上のように、物理的な意味は別として、数学的には、作用積分を最小とする関数は無数につくることができるのである。ただし、物理的な、意

味を有するものは限定されるということにも注意する必要がある。

それでは、なぜ、これでうまくいくのであろうか。それは

$$\int_{t_1}^{t_2} \frac{dW(x,p,t)}{dt}dt = \int_{t_1}^{t_2} dW(x,p,t) = W(x_2,p_2,t_2) - W(x_1,p_1,t_1)$$

となり、この積分は、境界の値のみで決まり、関数のかたちには依存しないからである。したがって、常に

$$\delta\int_{t_1}^{t_2} \frac{dW(x,p,t)}{dt}dt = 0$$

となり、これをラグランジアンに加えても、最小を与えることに変わりがないという理由によっている。

8. 4. 2.　正準変換と母関数

正準変換とは、変数変換後も、正準方程式の形式が維持されるものである。それを最小作用の原理をもとに考えれば、(p, q) と (P, Q) に対して

$$\delta\int_{t_1}^{t_2} pq' - H(p,q)dt = 0 \qquad \delta\int_{t_1}^{t_2} PQ' - K(P,Q)dt = 0$$

が成立することを意味している。これは、冒頭で紹介したラグランジアンの不定性に対応したものである。

ところで、前節で示したように、適当な母関数をとれば

$$pq' - H(p,q) = PQ' - K(P,Q) + \frac{dW(p,q,P,Q,t)}{dt}$$

という関係が成立するはずである。ここで、母関数は p, q, P, Q, t を変数とする任意の関数である。これは、変分の原理によれば

$$\delta\int_{t_1}^{t_2} \frac{dW(p,q,P,Q,t)}{dt}dt = \delta\int_{t_1}^{t_2} dW(p,q,P,Q,t) = 0$$

という関係が常に成立するからである。

ところで、$(p,q) \to (P,Q)$ の変数変換を可能にするということを考えると、独立した変数は 2 個でよく、組み合わせとしては、$W_1(q, Q)$, $W_2(p, Q)$, $W_3(q, P)$, $W_4(p, P)$ の 4 通りでよいことになる。

つまり、変換前の変数のいずれかと、変換後の変数のいずれかの 2 個が

入っていればよい。

例えば、$W_1(q, Q)$のとき

$$\delta\int_{t_1}^{t_2} pq' - H(p,q)dt = \delta\int_{t_1}^{t_2} PQ' - K(P,Q) + \frac{dW_1(q,Q)}{dt}dt = 0$$

よって

$$\delta\int_{t_1}^{t_2}\left[pq' - H(p,q) - \left\{PQ' - K(P,Q) + \frac{dW_1(q,Q)}{dt}\right\}\right]dt = 0$$

という関係がえられるはずである。ここで、W_1の全微分は

$$dW_1 = \frac{\partial W_1}{\partial q}dq + \frac{\partial W_1}{\partial Q}dQ$$

であるから

$$\frac{dW_1}{dt} = \frac{\partial W_1}{\partial q}\frac{dq}{dt} + \frac{\partial W_1}{\partial Q}\frac{dQ}{dt} = q'\frac{\partial W_1}{\partial q} + Q'\frac{\partial W_1}{\partial Q}$$

となる。

したがって

$$\delta\int_{t_1}^{t_2}\left\{\left(p - \frac{\partial W_1}{\partial q}\right)q' - \left(P + \frac{\partial W_1}{\partial Q}\right)Q' - H(p,q) + K(P,Q)\right\}dt = 0$$

ここで、qとQが独立なので、q'とQ'も独立になり、積分の{ }の中が定数になるためには、

$$p = \frac{\partial W_1}{\partial q} \qquad P = -\frac{\partial W_1}{\partial Q} \qquad H(p,q) = K(P,Q)$$

が成立する必要がある。そして、最初の 2 式から、(p,q)と(P,Q)の対応関係がえられるのである。実際に演習で、それを確かめてみよう。

演習 8-6　関数$W(q,Q) = (1/2)q^2 \cot Q$を考える。この母関数によって生成する正準変換を求めよ。

解）　変数間の関係は　$p = \dfrac{\partial W}{\partial q}$　および　$P = -\dfrac{\partial W}{\partial Q}$　となる。よって、

まず

$$p = q\cot Q$$

がえられる。つぎに

$$P = -\frac{\partial W}{\partial Q} = -\frac{1}{2}q^2 \frac{d}{dQ}(\cot Q) = -\frac{1}{2}q^2 \left(\frac{\cos Q}{\sin Q}\right)'$$

$$= -\frac{1}{2}q^2 \frac{(\cos Q)'\sin Q - \cos Q(\sin Q)'}{\sin^2 Q} = \frac{q^2}{2\sin^2 Q}$$

この式を変形すると

$$q^2 = 2P\sin^2 Q$$

よって

$$q = \pm\sqrt{2P}\sin Q$$

となる。ここでは正の値を採用し

$$q = \sqrt{2P}\sin Q$$

としよう。

また、先ほどの $p = q\cot Q$ という関係から

$$p = q\cot Q = q\frac{\cos Q}{\sin Q} = \sqrt{2P}\sin Q\frac{\cos Q}{\sin Q} = \sqrt{2P}\cos Q$$

となる。

したがって、上記の母関数による正準変換は

$$\begin{cases} p = \sqrt{2P}\cos Q \\ q = \sqrt{2P}\sin Q \end{cases}$$

となる。

この変換は、実は、演習 8-3 で行った変換に対応し、ポアンカレ変換 (Poincare transformation) と呼ばれている。

つぎに、$W = W(p, Q)$ の場合の関係を導出してみよう。

$$pq' - H(p,q) = PQ' - K(P,Q) + \frac{dW(p,Q)}{dt}$$

において

$$dW = \frac{\partial W}{\partial p}dp + \frac{\partial W}{\partial Q}dQ$$

から

$$\frac{dW}{dt}=\frac{\partial W}{\partial p}\frac{dp}{dt}+\frac{\partial W}{\partial Q}\frac{dQ}{dt}=\frac{\partial W}{\partial p}p'+\frac{\partial W}{\partial Q}Q'$$

となる。

しかし、上記の式には、pq'の項があるが、p'の項がない。そこで

$$\frac{d(pq)}{dt}=\frac{dp}{dt}q+p\frac{dq}{dt}=p'q+pq'$$

という関係を使うと

$$pq'=\frac{d(pq)}{dt}-p'q$$

となる。

$$\frac{d(pq)}{dt}-p'q-H(p,q)=PQ'-K(P,Q)+\frac{dW(p,Q)}{dt}$$

ここで$\dfrac{d(pq)}{dt}$は、

$$\delta\int_{t_1}^{t_2}\frac{d(pq)}{dt}dt=\delta\int_{t_1}^{t_2}d(pq)=0$$

となるので、停留極値に影響は与えない。よって

$$\frac{dW(p,Q)}{dt}=\frac{\partial W}{\partial p}p'+\frac{\partial W}{\partial Q}Q'$$

とすれば

$$\frac{d(pq)}{dt}-p'\left(q+\frac{\partial W}{\partial p}\right)-Q'\left(P+\frac{\partial W}{\partial Q}\right)-H(p,q)+K(P,Q)=0$$

となって

$$q=-\frac{\partial W}{\partial p}\qquad\qquad P=-\frac{\partial W}{\partial Q}$$

という関係式がえられる。

演習 8-7　関数$W(p,Q)=-p(Q+a)$を考える。この母関数によって生成する正準変換を求めよ。ただし、aは定数とする。

解）　$q=-\dfrac{\partial W}{\partial p}$、$P=-\dfrac{\partial W}{\partial Q}$　を使う。すると

$$q=-\frac{\partial W}{\partial p}=Q+a \qquad P=-\frac{\partial W}{\partial Q}=p$$

となり

$$\begin{cases} P=p \\ Q=q-a \end{cases}$$

という正準変換となる。

これは、位置が平行移動するだけの**並進移動** (translational displacement) に対応した変換である。

直交座標の x, y, z を広義座標として、自由度 3 の並進移動に対応した母関数は

$$W(p_x, p_y, p_z, X, Y, Z)=-p_x(X+a)-p_y(Y+b)-p_z(Z+c)$$

となる。

そのうえで、y 座標に関して

$$y=-\frac{\partial W}{\partial p_y} \qquad P_Y=-\frac{\partial W}{\partial Y}$$

を求めれば

$$y=Y+b \qquad P_Y=p_y$$

となり、y 方向の並進移動となることがわかる。

ちなみに、他の変数の組み合わせにおける正準変換を示すと $W(q, P)$ の場合は

$$p=\frac{\partial W}{\partial q} \qquad Q=\frac{\partial W}{\partial P}$$

となり、$W(p, P)$の場合には

$$q=-\frac{\partial W}{\partial p} \qquad Q=\frac{\partial W}{\partial P}$$

となる。

ちなみに、$W(q,P)=qP$ という母関数の場合

$$p = \frac{\partial W}{\partial q} = P \qquad Q = \frac{\partial W}{\partial P} = q$$

となり、**恒等変換** (identical transformation) と呼ばれる。つまり、何も変えないという変換である。自由度 3 の場合の恒等変換を、直交座標(x, y, z)を広義座標として示すと

$$W(x, y, z, P_X, P_Y, P_Z) = xP_X + yP_Y + zP_Z$$

となる。

ところで、これまでは、母関数に時間 t が変数として入っていなかった。そこで、t が変数として入った場合を考えてみよう。

$$W = W(q, Q, t)$$

とすると

$$dW = \frac{\partial W}{\partial q} dq + \frac{\partial W}{\partial Q} dQ + \frac{\partial W}{\partial t} dt$$

であるから

$$\frac{dW}{dt} = \frac{\partial W}{\partial q}\frac{dq}{dt} + \frac{\partial W}{\partial Q}\frac{dQ}{dt} + \frac{\partial W}{\partial t} = q'\frac{\partial W}{\partial q} + Q'\frac{\partial W}{\partial Q} + \frac{\partial W}{\partial t}$$

となる。

$$pq' - H(p, q) = PQ' - K(P, Q) + \frac{dW(q, Q, t)}{dt}$$

に代入すると

$$\left(p - \frac{\partial W}{\partial q}\right)q' - H(p, q) = \left(P + \frac{\partial W}{\partial Q}\right)Q' - K(P, Q) + \frac{\partial W}{\partial t}$$

となり

$$H(p, q) + \frac{\partial W}{\partial t} = K(P, Q)$$

となる。つまり、母関数 W が t を陽な変数として含んでいる場合には、ハミルトニアンが時間変化することになる。

8. 5. ポアソン括弧[2]

8. 5. 1.　ポアソン括弧の定義

正準変数を(p, q) とするとき、任意関数 $A(p, q)$および $B(p, q)$に対して

$$\{A, B\} = \frac{\partial A}{\partial q}\frac{\partial B}{\partial p} - \frac{\partial A}{\partial p}\frac{\partial B}{\partial q}$$

をポアソン括弧 (Poisson bracket) と定義する[3]。

自由度が 3 の場合には、関数 $A(p_1, p_2, p_3, q_1, q_2, q_3)$および $B(p_1, p_2, p_3, q_1, q_2, q_3)$に対して

$$\{A, B\} = \left(\frac{\partial A}{\partial q_1}\frac{\partial B}{\partial p_1} - \frac{\partial A}{\partial p_1}\frac{\partial B}{\partial q_1}\right) + \left(\frac{\partial A}{\partial q_2}\frac{\partial B}{\partial p_2} - \frac{\partial A}{\partial p_2}\frac{\partial B}{\partial q_2}\right) + \left(\frac{\partial A}{\partial q_3}\frac{\partial B}{\partial p_3} - \frac{\partial A}{\partial p_3}\frac{\partial B}{\partial q_3}\right)$$

となる。さらに、自由度が増えた場合も、同様である。

演習 8-8　つぎのポアソン括弧の値を計算せよ。

(1) $\{q, q\}$　(2) $\{q, p\}$　(3) $\{p, q\}$　(4) $\{p, p\}$　(5) $\{p, p^2\}$　(6) $\{q, q^2\}$

解）

(1)　$$\{q, q\} = \frac{\partial q}{\partial q}\frac{\partial q}{\partial p} - \frac{\partial q}{\partial p}\frac{\partial q}{\partial q} = 0$$

(2)　$$\{q, p\} = \frac{\partial q}{\partial q}\frac{\partial p}{\partial p} - \frac{\partial q}{\partial p}\frac{\partial p}{\partial q} = 1 - 0 = 1$$

(3)　$$\{p, q\} = \frac{\partial p}{\partial q}\frac{\partial q}{\partial p} - \frac{\partial p}{\partial p}\frac{\partial q}{\partial q} = 0 - 1 = -1$$

(4)　$$\{p, p\} = \frac{\partial p}{\partial q}\frac{\partial p}{\partial p} - \frac{\partial p}{\partial p}\frac{\partial p}{\partial q} = 0$$

(5)　$$\{p, p^2\} = \frac{\partial p}{\partial q}\frac{\partial p^2}{\partial p} - \frac{\partial p}{\partial p}\frac{\partial p^2}{\partial q} = \frac{\partial p}{\partial q}2p - 2p\frac{\partial p}{\partial q} = 0$$

---

[2] 「ポアッソン括弧」と表記されることもある。

[3] ポアソン括弧の記号に[,]や(,)を使う場合もある。

(6)　$\{q, q^2\} = \dfrac{\partial q}{\partial q}\dfrac{\partial q^2}{\partial p} - \dfrac{\partial q}{\partial p}\dfrac{\partial q^2}{\partial q} = 2q\dfrac{\partial q}{\partial p} - \dfrac{\partial q}{\partial p}2q = 0$

ポアソン括弧にはつぎの性質がある

$$\{A, B\} = -\{B, A\} \qquad \{A, A\} = 0 \qquad \{AB, C\} = \{A, C\}B + A\{B, C\}$$

$$\{A, \{B, C\}\} + \{B, \{C, A\}\} + \{C, \{A, B\}\} = 0$$

また、*a, b* を定数とすると

$$\{A, a\} = 0 \qquad \{aA, B\} = a\{A, B\} \qquad \{aA + bB, C\} = a\{A, C\} + b\{B, C\}$$

となる。もちろん、これら関係は、定義から導くことができる。例えば

$$\{A, B\} = \frac{\partial A}{\partial q}\frac{\partial B}{\partial p} - \frac{\partial A}{\partial p}\frac{\partial B}{\partial q} = -\frac{\partial B}{\partial q}\frac{\partial A}{\partial p} + \frac{\partial B}{\partial p}\frac{\partial A}{\partial q} = -\{B, A\}$$

となる。

変数の数が増えた場合にも、この関係が成立することは明らかであろう。

演習 8-9　ポアソン括弧で成立する $\{AB, C\} = \{A, C\}B + A\{B, C\}$ という関係を証明せよ。

解）

$$\{AB, C\} = \frac{\partial (AB)}{\partial q}\frac{\partial C}{\partial p} - \frac{\partial (AB)}{\partial p}\frac{\partial C}{\partial q} = \left\{B\frac{\partial A}{\partial q} + A\frac{\partial B}{\partial q}\right\}\frac{\partial C}{\partial p} - \left\{B\frac{\partial A}{\partial p} + A\frac{\partial B}{\partial p}\right\}\frac{\partial C}{\partial q}$$

$$= B\left\{\frac{\partial A}{\partial q}\frac{\partial C}{\partial p} - \frac{\partial A}{\partial p}\frac{\partial C}{\partial q}\right\} + A\left\{\frac{\partial B}{\partial q}\frac{\partial C}{\partial p} - \frac{\partial B}{\partial p}\frac{\partial C}{\partial q}\right\} = \{A, C\}B + A\{B, C\}$$

この関係に $B=A$ を代入すると

$$\{A^2, C\} = \{A, C\}A + A\{A, C\} = 2A\{A, C\}$$

となる。

さらに

$$\{A^3, C\} = \{A^2, C\}A + A^2\{A, C\} = 2A^2\{A, C\} + A^2\{A, C\} = 3A^2\{A, C\}$$

から

$$\{A^n, C\} = nA^{n-1}\{A, C\}$$

がえられる。

よって

$$\{A, BC\} = \frac{\partial A}{\partial q}\frac{\partial (BC)}{\partial p} - \frac{\partial A}{\partial p}\frac{\partial (BC)}{\partial q} = \frac{\partial A}{\partial q}\left\{B\frac{\partial C}{\partial p} + C\frac{\partial B}{\partial p}\right\} - \frac{\partial A}{\partial p}\left\{B\frac{\partial C}{\partial q} + C\frac{\partial B}{\partial q}\right\}$$

$$= B\left\{\frac{\partial A}{\partial q}\frac{\partial C}{\partial p} - \frac{\partial A}{\partial p}\frac{\partial C}{\partial q}\right\} + C\left\{\frac{\partial A}{\partial q}\frac{\partial B}{\partial p} - \frac{\partial A}{\partial p}\frac{\partial B}{\partial q}\right\} = \{A, C\}B + C\{A, B\}$$

となる。

また、ポアソン括弧の性質を利用して

$$\{A, BC\} = -\{BC, A\} = -\{B, A\}C - B\{C, A\} = \{A, B\}C + B\{A, C\} = \{A, C\}B + C\{A, B\}$$

という解法もある。

演習 8-10　つぎのポアソン括弧を計算せよ。

(1) $\{q^2, p\}$　　(2) $\{q^3, p\}$　　(3) $\{q^n, p\}$　　(4) $\{q, p^2\}$　　(5) $\{q, p^n\}$

解）

(1) $\{q^2, p\} = \{qq, p\} = \{q, p\}q + q\{q, p\} = 2q$

(2) $\{q^3, p\} = \{q^2, p\}q + q^2\{q, p\} = 3q^2$

(3) $\{q^n, p\} = \{q^{n-1}, p\}q + q^{n-1}\{q, p\} = \{q^{n-1}, p\}q + q^{n-1}$

また　$\{q^{n-1}, p\} = \{q^{n-2}, p\}q + q^{n-2}\{q, p\} = \{q^{n-2}, p\}q + q^{n-2}$

であるから

$$\{q^n, p\} = \{q^{n-1}, p\}q + q^{n-1} = \{q^{n-2}, p\}q^2 + 2q^{n-1}$$

これを繰り返すと

$$\{q^n, p\} = \{q, p\}q^{n-1} + n - 1q^{n-1} = nq^{n-1}$$

(4) $\{q, p^2\} = \{q, pp\} = \{q, p\}p + p\{q, p) = 2p$

(5) $\{q, p^3\} = \{q, p^2\}p + p^2\{q, p\} = 3p^2$

(6) (3)と同様にして　$\{q, p^n\} = np^{n-1}$

と計算できる。

8. 5. 2. ポアソン括弧の応用

正準変数 q, p からなる任意の関数 $F = F(q, p, t)$ を考える。この関数の全微分は

$$dF = \frac{\partial F}{\partial q}dq + \frac{\partial F}{\partial p}dp + \frac{\partial F}{\partial t}dt$$

したがって

$$\frac{dF}{dt} = \frac{\partial F}{\partial q}\frac{dq}{dt} + \frac{\partial F}{\partial p}\frac{dp}{dt} + \frac{\partial F}{\partial t}$$

となる。

ここで正準方程式を思い出すと

$$\frac{dq}{dt} = \frac{\partial H}{\partial p} \qquad \frac{dp}{dt} = -\frac{\partial H}{\partial q}$$

であった。

これら関係を上記の式に代入すると

$$\frac{dF}{dt} = \frac{\partial F}{\partial q}\frac{\partial H}{\partial p} - \frac{\partial F}{\partial p}\frac{\partial H}{\partial q} + \frac{\partial F}{\partial t}$$

となる。

したがって、ポアソン括弧を使うと

$$\frac{dF}{dt} = \{F, H\} + \frac{\partial F}{\partial t}$$

となる。

特に、F が t にあらわに依存しない場合には

$$\frac{dF}{dt} = \{F, H\}$$

となり、F の時間依存性は、F とハミルトニアン H のポアソン括弧で表されるのである。F=p の場合には

$$\frac{dp}{dt} = \{p, H\}$$

となり、F=q の場合には

$$\frac{dq}{dt} = \{q, H\}$$

と与えられる。これらが、ポアソン括弧を使った正準方程式である。この関係を利用すると、ポアソン括弧の機械的な計算だけで解がえられる。

演習 8-11　ハミルトニアンが $H = p^2/2m + mgq$ と与えられるとき、正準方程式をポアソン括弧を用いて求め、運動方程式を導出せよ。

解）

$$\frac{dq}{dt} = \{q, H\} = \left\{q, \frac{p^2}{2m} + mgq\right\} = \frac{1}{2m}\{q, p^2\} + mg\{q, q\} = \frac{1}{2m}(2p) + 0 = \frac{p}{m}$$

$$\frac{dp}{dt} = \{p, H\} = \left\{p, \frac{p^2}{2m} + mgq\right\} = \frac{1}{2m}\{p, p^2\} + mg\{p, q\} = 0 - mg = -mg$$

となる。よって

$$\frac{dq}{dt} = \frac{p}{m} \qquad \frac{dp}{dt} = -mg$$

これらより

$$\frac{d^2q}{dt^2} = \frac{1}{m}\frac{dp}{dt} = -g$$

という運動方程式がえられる。

演習 8-12　ハミルトニアンが $H = (\omega/2)(p^2 + q^2)$ と与えられるとき、正準方程式をポアソン括弧を用いて求め、運動方程式を導出せよ。

解）

$$\frac{dq}{dt} = \{q, H\} = \left\{q, \frac{\omega}{2}(p^2 + q^2)\right\} = \frac{\omega}{2}\{q, p^2\} + \frac{\omega}{2}\{q, q^2\} = \frac{\omega}{2}(2p) + 0 = \omega p$$

$$\frac{dp}{dt} = \{p, H\} = \left\{p, \frac{\omega}{2}(p^2 + q^2)\right\} = \frac{\omega}{2}\{p, p^2\} + \frac{\omega}{2}\{p, q^2\} = 0 - \frac{\omega}{2}(2q) = -\omega q$$

となる。よって

$$\frac{dq}{dt} = \omega p \qquad \frac{dp}{dt} = -\omega q$$

これらより

$$\frac{d^2q}{dt^2} = \omega\frac{dp}{dt} = -\omega^2 q$$

という運動方程式がえられる。

このように、ポアソン括弧の性質を利用すると、正準方程式が単純計算で求められ、その結果、解法が可能となる。実は、この形式が、量子力学にも応用されており、この基本を知らないまま、形式だけ受け継ぐと、その物理的な背景を理解できないことになる。

演習 8-13 自由度2の系において、ポアソン括弧$\{x,y\}$, $\{x, p_x\}$, $\{x, p_y\}$, $\{y, p_y\}$, $\{p_x, p_y\}$を計算せよ。

解) 定義にしたがって計算してみよう。

(1) $$\{x, y\} = \frac{\partial x}{\partial x}\frac{\partial y}{\partial p_x} - \frac{\partial x}{\partial p_x}\frac{\partial y}{\partial x} + \frac{\partial x}{\partial y}\frac{\partial y}{\partial p_y} - \frac{\partial x}{\partial p_y}\frac{\partial y}{\partial y} = 0$$

(2) $$\{x, p_x\} = \frac{\partial x}{\partial x}\frac{\partial p_x}{\partial p_x} - \frac{\partial x}{\partial p_x}\frac{\partial p_x}{\partial x} + \frac{\partial x}{\partial y}\frac{\partial p_x}{\partial p_y} - \frac{\partial x}{\partial p_y}\frac{\partial p_x}{\partial y} = 1$$

(3) $$\{x, p_y\} = \frac{\partial x}{\partial x}\frac{\partial p_y}{\partial p_x} - \frac{\partial x}{\partial p_x}\frac{\partial p_y}{\partial x} + \frac{\partial x}{\partial y}\frac{\partial p_y}{\partial p_y} - \frac{\partial x}{\partial p_y}\frac{\partial p_y}{\partial y} = 0$$

(4) $$\{y, p_y\} = \frac{\partial y}{\partial x}\frac{\partial p_y}{\partial p_x} - \frac{\partial y}{\partial p_x}\frac{\partial p_y}{\partial x} + \frac{\partial y}{\partial y}\frac{\partial p_y}{\partial p_y} - \frac{\partial y}{\partial p_y}\frac{\partial p_y}{\partial y} = 1$$

(5) $$\{p_x, p_y\} = \frac{\partial p_x}{\partial x}\frac{\partial p_y}{\partial p_x} - \frac{\partial p_x}{\partial p_x}\frac{\partial p_y}{\partial x} + \frac{\partial p_x}{\partial y}\frac{\partial p_y}{\partial p_y} - \frac{\partial p_x}{\partial p_y}\frac{\partial p_y}{\partial y} = 0$$

となる。

つまり、x, p_xの組み合わせと y, p_yの組み合わせ以外は、すべて0となる。ただし

$$\{x, p_x\} = 1 \qquad \{y, p_y\} = 1$$

であるが、項の順序を入れ替えた場合は

$$\{p_x, x\} = -1 \qquad \{p_y, y\} = -1$$

となる。

同様にして、自由度 3 では

$$\{x, p_x\} = 1 \qquad \{y, p_y\} = 1 \qquad \{z, p_z\} = 1$$

と、項の順序を入れ替えた

$$\{p_x, x\} = -1 \qquad \{p_y, y\} = -1 \qquad \{p_z, z\} = -1$$

となり、これ以外の成分のポアソン括弧はすべて 0 となる。自由度が増えた場合にも、まったく同様の結果となる。

演習 8-14　ハミルトニアンが

$$H = \frac{{p_x}^2}{2m} + \frac{{p_y}^2}{2m} + \frac{{p_z}^2}{2m}$$

と与えられるとき、正準方程式をポアソン括弧を用いて求め、運動方程式を導出せよ。

解）　等方的な運動であるから、x 方向のみに着目してみよう。

$$\frac{dx}{dt} = \{x, H\} = \frac{1}{2m}\{x, {p_x}^2\} + \frac{1}{2m}\{x, {p_y}^2\} + \frac{1}{2m}\{x, {p_z}^2\} = \frac{1}{2m}\{x, {p_x}^2\}$$

すでに見たように

$$\{x, {p_x}^2\} = \{x, p_x\}p_x + p_x\{x, p_x\} = 2p_x$$

であるので

$$\frac{dx}{dt} = \{x, H\} = \frac{p_x}{m}$$

$$\frac{dp_x}{dt} = \{p, H\} = \frac{1}{2m}\{p_x, {p_x}^2\} + \frac{1}{2m}\{p_x, {p_y}^2\} + \frac{1}{2m}\{p_x, {p_z}^2\} = 0$$

から、p_x は定数となるので $p_x=a$ と置くと

$$\frac{dx}{dt} = \frac{a}{m}$$

から

$$x = \frac{a}{m}t + x_0$$

となる。

y, z 方向も同様となり

$$y = \frac{b}{m}t + y_0 \qquad z = \frac{c}{m}t + z_0$$

となる。

このようにポアソン括弧の性質を利用すると、ハミルトニアンから、容易に解をえることができるのである。

最後に、いささか技巧的ではあるが、量子力学で使われる手法を紹介しておきたい。ハミルトニアンが

$$H = \frac{1}{2}(p^2 + \omega^2 q^2)$$

によって与えられているものとする。

右辺は実数の範囲では因数分解できないが、複素数まで拡張すると

$$H = \frac{1}{2}(\omega q + ip)(\omega q - ip)$$

と因数分解できる。ここで

$$a = \frac{1}{\sqrt{2\omega}}(\omega q + ip) \quad \text{および} \quad a^* = \frac{1}{\sqrt{2\omega}}(\omega q - ip)$$

という、2 個の共役な複素数項を用いると、ハミルトニアンは

$$H = \omega a^* a$$

となる。ここで、a および a^* のポアソン括弧を計算してみよう。すると

$$\{a, a^*\} = \frac{1}{2\omega}\{(\omega q + ip), (\omega q - ip)\} = \frac{1}{2\omega}[\omega^2\{q, q\} - i\omega\{q, p\} + i\omega\{p, q\} + \{p, p\}]$$

$$= \frac{1}{2\omega}[0 - i\omega - i\omega + 0] = -i$$

となる。また、定義から明らかなように

$$\{a, a\} = 0 \qquad \{a^*, a^*\} = 0 \qquad \{a^*, a\} = i$$

である。

ここで

$$\frac{da}{dt} = \{a, H\} = \{a, \omega a * a\}$$

という関係を利用しよう。

　すると

$$\{A, BC\} = \{A, C\}B + C\{A, B\}$$

であったので

$$\{a, \omega a * a\} = \omega\{a, a * a\} = \omega a * \{a, a\} + \omega a\{a, a^*\} = -i\omega a$$

と計算できる。

　したがって

$$\frac{da}{dt} = -i\omega a$$

から、A を定数として

$$a = A\exp(-i\omega t) = A\cos\omega t - iA\sin\omega t$$

となる。ところで

$$a = \frac{1}{\sqrt{2\omega}}(\omega q + ip)$$

であったから

$$a = \frac{1}{\sqrt{2\omega}}(\omega q + ip) = A\cos\omega t - iA\sin\omega t$$

となり、実部と虚部をみると

$$q = \frac{\sqrt{2}}{\sqrt{\omega}}A\cos\omega t \qquad p = -\sqrt{2\omega}A\sin\omega t$$

という解がただちにえられる。

　これも、ポアソン括弧を利用した解法である。実は、この手法は量子力学における第二量子化という手法に応用されている。a, a^*は生成消滅演算子と呼ばれるものである。

8. 5. 3.　角運動量とポアソン括弧

角運動量 (L) とは、**運動量** (momentum: mv) に**動径** (r) をかけたものである。

$$L = mvr \text{ [kg m}^2\text{/s]}$$

これは、どのような物理量であろうか。

実は、正確には、角運動量はベクトルであり

$$\vec{L} = \vec{r} \times \vec{p}$$

というベクトル積（外積）によって与えられる。ここで、$\vec{r}$ は動径ベクトル、$\vec{p}$ は運動量ベクトルである。

この運動量は回転運動に対して定義されるものである。なぜなら、回転の場合には、同じ運動量であっても、回転半径によって、回転能力が異なるからである。

つまり、回転半径（腕）が長いほど、てこの原理によって、回転モーメントが大きくなることに相当する。

実は、角運動量も量子力学の建設において、重要な役割をはたした。それは、量子力学が、原子内の電子の運動を記述するために建設された学問であり、基本的には、電子は原子核のまわりを回転運動をしているからである。（この描像は必ずしも正しくはないが、最初の出発点として重要である。）

角運動量、運動量、動径ともにベクトルであるから、成分で書くと

$$\vec{L} = \begin{pmatrix} L_x \\ L_y \\ L_z \end{pmatrix} = \vec{r} \times \vec{p} = \begin{pmatrix} x \\ y \\ z \end{pmatrix} \times \begin{pmatrix} p_x \\ p_y \\ p_z \end{pmatrix} = \begin{pmatrix} yp_z - zp_y \\ zp_x - xp_z \\ xp_y - yp_x \end{pmatrix}$$

と与えられる。

演習 8-15　角運動量の x 成分 L_x と y 成分 L_y のポアソン括弧を計算せよ。

解）　自由度 3 の場合のポアソン括弧の定義は

$$\{A, B\} = \left(\frac{\partial A}{\partial q_1}\frac{\partial B}{\partial p_1} - \frac{\partial A}{\partial p_1}\frac{\partial B}{\partial q_1} \right) + \left(\frac{\partial A}{\partial q_2}\frac{\partial B}{\partial p_2} - \frac{\partial A}{\partial p_2}\frac{\partial B}{\partial q_2} \right) + \left(\frac{\partial A}{\partial q_3}\frac{\partial B}{\partial p_3} - \frac{\partial A}{\partial p_3}\frac{\partial B}{\partial q_3} \right)$$

であった。いまの角運動量では、広義座標として直交座標の(x,y,z)をとっているので

$$\{L_x, L_y\} = \left(\frac{\partial L_x}{\partial x}\frac{\partial L_y}{\partial p_x} - \frac{\partial L_x}{\partial p_x}\frac{\partial L_y}{\partial x} \right) + \left(\frac{\partial L_x}{\partial y}\frac{\partial L_y}{\partial p_y} - \frac{\partial L_x}{\partial p_y}\frac{\partial L_y}{\partial y} \right) + \left(\frac{\partial L_x}{\partial z}\frac{\partial L_y}{\partial p_z} - \frac{\partial L_x}{\partial p_z}\frac{\partial L_y}{\partial z} \right)$$

となる。

$$L_x = yp_z - zp_y \qquad L_y = zp_x - xp_z$$

であるから、第 1 項と第 2 項のポアソン括弧は 0 となり

$$\{L_x, L_y\} = \frac{\partial L_x}{\partial z}\frac{\partial L_y}{\partial p_z} - \frac{\partial L_x}{\partial p_z}\frac{\partial L_y}{\partial z} = (-p_y)(-x) - yp_x = xp_y - yp_x$$

となり、結局

$$\{L_x, L_y\} = L_z$$

となる。

ここでは、定義に基づいて計算したが、ポアソン括弧の計算式を利用してもよい。いまの場合

$$L_x = yp_z - zp_y \qquad L_y = zp_x - xp_z$$

から

$$\{L_x, L_y\} = \{yp_z - zp_y, zp_x - xp_z\}$$
$$= \{yp_z, zp_x\} - \{yp_z, xp_z\} - \{zp_y, zp_x\} + \{zp_y, xp_z\}$$

ここで、ポアソン括弧がゼロとならないのは、z, p_z などの組み合わせであったので

$$\{L_x, L_y\} = = \{yp_z, zp_x\} + \{zp_y, xp_z\}$$

となる。さらに

$$\{AB, C\} = \{A, C\}B + A\{B, C\}$$

であるので

$$\{yp_z, zp_x\} = \{y, zp_x\}p_z + y\{p_z, zp_x\}$$

ふたたび、z, p_z の組み合わせができる項だけ残すと

$$\{yp_z, zp_x\} = y\{p_z, zp_x\}$$

$\{A, BC\} = \{A, C\}B + C\{A, B\}$ を使うと

$$\{p_z, zp_x\} = \{p_z, p_x\}z + p_x\{p_z, z\} = -p_x$$

よって

$$\{yp_z, zp_x\} = -yp_x$$

同様にして

$$\{zp_y, xp_z\} = xp_y$$

がえられ

$$\{L_x, L_y\} = xp_y - yp_x$$

となる。

角運動量のポアソン括弧には

$$\{L_x, L_y\} = L_z \qquad \{L_y, L_z\} = L_x \qquad \{L_z, L_x\} = L_y$$

という関係が成立する。

8. 6.　無限小変換

母関数が $W(q,P) = qP$ に対応した正準変換は

$$p = \frac{\partial W}{\partial q} = P \qquad Q = \frac{\partial W}{\partial P} = q$$

となって、何も変えない変換であることを説明した。これを恒等変換と呼んでいる。

それでは、p および q の値をわずかだけ変化させる変換を考えてみよう。これは

$$P = p + \delta p \qquad Q = q + \delta q$$

という変換である。

このような変換を**無限小変換** (infinitesimal transformation) と呼んでいる。この変換の母関数は、恒等変換の母関数をわずかに変化させたものと考えられ

$$W' = W + dW = qP + dW$$

と予想される。

ここで、少し工夫をしてみよう。いまのままでは、dW は微小変化となってしまうので、ある母関数 $G(q, P)$ を考え、ε を微小量として

$$dW(q,P) = \varepsilon G(q,P)$$

と置くのである。

変分法で使った手法と同じである。つまり、$G(q,P)$は通常の母関数であり、微小変化分はεが担うという考えである。

例えば、微小変化といっても、ただ横にずれるものがあったり、わずかな回転であったりといろいろ考えられる。この変化は、母関数 $G(q,P)$が担い、微小変化はεの項が担うという工夫である。

よって

$$W'(q,P) = W(q,P) + dW(q,P) = qP + \varepsilon G(q,P)$$

となる。

この母関数に対応した正準変換は

$$p = \frac{\partial W'}{\partial q} = P + \varepsilon \frac{\partial G(q,P)}{\partial q}$$

$$Q = \frac{\partial W'}{\partial P} = q + \varepsilon \frac{\partial G(q,P)}{\partial P}$$

となる。

$$P = p + \delta p \qquad Q = q + \delta q$$

であったので

$$\delta p = P - p = -\varepsilon \frac{\partial G(q,P)}{\partial q} \qquad \delta q = Q - q = \varepsilon \frac{\partial G(q,P)}{\partial P}$$

となる。

演習 8-16　$G(q,P) = P$ に対応した無限小変換を求めよ。

解)　母関数は

$$W'(q,P) = qP + \varepsilon G(q,P) = qP + \varepsilon P$$

となる。したがって

$$p = \frac{\partial W'}{\partial q} = P \qquad Q = \frac{\partial W'}{\partial P} = q + \varepsilon$$

となる。

これは、位置をわずかにεだけ移動する並進運動に対応した無限小変換となる。

つまり、空間並進の無限小変換に対応した母関数は運動量ということになるのである。

ここで、正準方程式を思い出してみよう。それは

$$\frac{dq}{dt} = \frac{\partial H}{\partial p} \qquad \frac{dp}{dt} = -\frac{\partial H}{\partial q}$$

であった。よって

$$dq = dt\frac{\partial H}{\partial p} \qquad dp = -dt\frac{\partial H}{\partial q}$$

となるが、dt は時間における無限小変位εと見なせるので

$$dq = \varepsilon\frac{\partial H}{\partial p} \qquad dp = -\varepsilon\frac{\partial H}{\partial q}$$

とおける。これは、時間に関する無限小変換の母関数はハミルトニアンとなることを示している。ここで、無限小変換では$p \cong P$なのでpを使うのが一般的である。

最後に、回転に関する無限小変換を考えてみよう。まず、直交座標 x,y をθだけ回転した新たな座標を X, Y としよう。すると

$$\begin{pmatrix} X \\ Y \end{pmatrix} = \begin{pmatrix} \cos\theta & -\sin\theta \\ \sin\theta & \cos\theta \end{pmatrix}\begin{pmatrix} x \\ y \end{pmatrix} = \begin{pmatrix} x\cos\theta - y\sin\theta \\ x\sin\theta + y\cos\theta \end{pmatrix}$$

となるが、θ が無限小のεとすると

$$X = x\cos\varepsilon - y\sin\varepsilon \qquad Y = x\sin\varepsilon + y\cos\varepsilon$$

となるが、ε が微小のとき

$$\cos\varepsilon \cong 1 \qquad \sin\varepsilon \cong \varepsilon$$

となるので

$$\begin{pmatrix} X \\ Y \end{pmatrix} = \begin{pmatrix} 1 & -\varepsilon \\ \varepsilon & 1 \end{pmatrix}\begin{pmatrix} x \\ y \end{pmatrix} = \begin{pmatrix} x - \varepsilon y \\ \varepsilon x + y \end{pmatrix}$$

となる。

よって、位置の無限小変換は

$$\delta x = X - x = -\varepsilon y \qquad \delta y = Y - y = \varepsilon x$$

となる。

つぎに、運動量を見てみよう。まず

$$\delta p_x = m\left(\frac{dX}{dt} - \frac{dx}{dt}\right) = m\frac{d}{dt}(X - x)$$

であるが、上式より $X - x = -\varepsilon y$ という関係にあるので、これを代入すると

$$\delta p_x = m\frac{d}{dt}(X - x) = -\varepsilon m\frac{dy}{dt} = -\varepsilon p_y$$

となる。

同様にして

$$\delta p_y = m\left(\frac{dY}{dt} - \frac{dy}{dt}\right) = m\frac{d}{dt}(Y - y) = \varepsilon m \frac{dx}{dt} = \varepsilon p_x$$

となる。

ここで、無限小変換の母関数との対応を見ればよいのであるが、少し、工夫が必要となる。通常は

$$\delta p = P - p = -\varepsilon \frac{\partial G(q, P)}{\partial q} \qquad \delta q = Q - q = \varepsilon \frac{\partial G(q, P)}{\partial P}$$

という対応関係にあるが

無限小の変位であるので、微分の項においては

$$P \cong p \qquad Q \cong q$$

とみなし

$$\delta p = -\varepsilon \frac{\partial G(q, p)}{\partial q} \qquad \delta q = \varepsilon \frac{\partial G(q, p)}{\partial p}$$

とするのである。実は、これら関係が、無限小変換の一般式となっている。

ここで、あらためて母関数との対応関係を見てみよう。まず、平面内での回転では、自由度が 2 となるので母関数は

$$G = G(x, y, p_x, p_y)$$

のように、4 変数の関数となる。ここで

$$\delta x = -\varepsilon y \qquad \delta y = \varepsilon x \qquad \delta p_x = -\varepsilon p_y \qquad \delta p_y = \varepsilon p_x$$

であるので

$$\frac{\partial G(x, y, p_x, p_y)}{\partial p_x} = -y \qquad \frac{\partial G(x, y, p_x, p_y)}{\partial p_y} = x$$

$$\frac{\partial G(x, y, p_x, p_y)}{\partial x} = p_y \qquad \frac{\partial G(x, y, p_x, p_y)}{\partial y} = -p_x$$

という対応関係となる。

結局、母関数は

$$G(x, y, p_x, p_y) = xp_y - yp_x$$

と与えられる。

これは、前節で求めた、角運動量の z 成分 L_z に相当する。つまり、回転に対応した無限小変換の母関数は角運動量となるのである。

8.7. リウビルの定理

2次元の直交座標(x, y)から極座標(r, θ) への変換を考えてみよう。対応関係は

$$x = r\cos\theta \qquad y = r\sin\theta$$

となる。この微分は

$$dx = dr\cos\theta - r\sin\theta d\theta$$
$$dy = dr\sin\theta + r\cos\theta d\theta$$

となり、行列を使うと

$$\begin{pmatrix} dx \\ dy \end{pmatrix} = \begin{pmatrix} \cos\theta & -r\sin\theta \\ \sin\theta & r\cos\theta \end{pmatrix} \begin{pmatrix} dr \\ d\theta \end{pmatrix}$$

と表せられる。

ここで、この変換行列に対応した行列式を計算してみよう。

$$\begin{vmatrix} \cos\theta & -r\sin\theta \\ \sin\theta & r\cos\theta \end{vmatrix} = r\cos^2\theta + r\sin^2\theta = r$$

となる。この行列式をヤコビ行列式 (Jacobian determinant) あるいは、**ヤコビアン** (Jacobian) と呼んでいる。

ここで、変数xおよびyの、r, θに関する全微分は

$$dx = \frac{\partial x}{\partial r}dr + \frac{\partial x}{\partial \theta}d\theta \qquad dy = \frac{\partial y}{\partial r}dr + \frac{\partial y}{\partial \theta}d\theta$$

であるから

$$\begin{pmatrix} dx \\ dy \end{pmatrix} = \begin{pmatrix} \dfrac{\partial x}{\partial r} & \dfrac{\partial x}{\partial \theta} \\ \dfrac{\partial y}{\partial r} & \dfrac{\partial y}{\partial \theta} \end{pmatrix} \begin{pmatrix} dr \\ d\theta \end{pmatrix}$$

となる。

確かに、先ほどの変換行列と対応している。では、ヤコビアンが何に対応しているかというと、いまの場合は$dxdy$と$drd\theta$の面積比である。つまり

$$dxdy = \begin{vmatrix} \dfrac{\partial x}{\partial r} & \dfrac{\partial x}{\partial \theta} \\ \dfrac{\partial y}{\partial r} & \dfrac{\partial y}{\partial \theta} \end{vmatrix} drd\theta = rdrd\theta$$

となる。あるいは

$$\iint dxdy = \iint rdrd\theta$$

という関係にあると考えて良い。つまり、直交座標における面積要素 $dxdy$ に等価なものは、極座標では、$drd\theta$ を r 倍したものなのである（図8-4参照）。

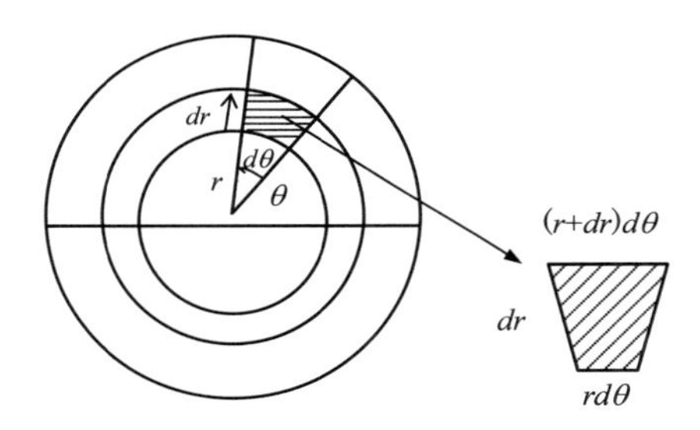

図 8-4　直交座標と極座標の面積素。直交座標における $dxdy$ を極座標での面積素に変換するには、極座標系で、r が dr だけ、また、θ が $d\theta$ だけ増えたときの面積素を計算する必要がある。これは、斜線の部分の面積に相当し、$rdrd\theta$ となる。

この考えを正準変換の$(q,p)\rightarrow(Q,P)$にあてはめてみよう。すると

$$\begin{pmatrix} dQ \\ dP \end{pmatrix} = \begin{pmatrix} \dfrac{\partial Q}{\partial q} & \dfrac{\partial Q}{\partial p} \\ \dfrac{\partial P}{\partial q} & \dfrac{\partial P}{\partial p} \end{pmatrix} \begin{pmatrix} dq \\ dp \end{pmatrix}$$

となり、ヤコビアンは

$$\begin{vmatrix} \dfrac{\partial Q}{\partial q} & \dfrac{\partial Q}{\partial p} \\ \dfrac{\partial P}{\partial q} & \dfrac{\partial P}{\partial p} \end{vmatrix} = \frac{\partial Q}{\partial q}\frac{\partial P}{\partial p} - \frac{\partial P}{\partial q}\frac{\partial Q}{\partial p}$$

となる。

ここで、無限小変換を考えてみる。

$$P = p - \varepsilon \frac{\partial G(q,p)}{\partial q} \qquad Q = q + \varepsilon \frac{\partial G(q,p)}{\partial p}$$

であった。したがって

$$\frac{\partial Q}{\partial q} = 1 + \varepsilon \frac{\partial^2 G(q,p)}{\partial p \partial q} \qquad \frac{\partial Q}{\partial p} = \varepsilon \frac{\partial^2 G(q,p)}{\partial p^2}$$

$$\frac{\partial P}{\partial q} = -\varepsilon \frac{\partial^2 G(q,p)}{\partial q^2} \qquad \frac{\partial P}{\partial p} = 1 - \varepsilon \frac{\partial^2 G(q,p)}{\partial p \partial q}$$

となるので、ヤコビアンは

$$\begin{vmatrix} \dfrac{\partial Q}{\partial q} & \dfrac{\partial Q}{\partial p} \\ \dfrac{\partial P}{\partial q} & \dfrac{\partial P}{\partial p} \end{vmatrix} = \left(1 + \varepsilon \frac{\partial^2 G(q,p)}{\partial p \partial q}\right)\left(1 - \varepsilon \frac{\partial^2 G(q,p)}{\partial p \partial q}\right) + \varepsilon^2 \frac{\partial^2 G(q,p)}{\partial q^2} \frac{\partial^2 G(q,p)}{\partial p^2}$$

$$= 1 - \varepsilon^2 \left\{ \frac{\partial^2 G(q,p)}{\partial p \partial q} \right\}^2 + \varepsilon^2 \frac{\partial^2 G(q,p)}{\partial q^2} \frac{\partial^2 G(q,p)}{\partial p^2}$$

となるが、εは微小変位であり、その 2 次の項は 0 と見なせるので

$$\begin{vmatrix} \dfrac{\partial Q}{\partial q} & \dfrac{\partial Q}{\partial p} \\ \dfrac{\partial P}{\partial q} & \dfrac{\partial P}{\partial p} \end{vmatrix} = 1$$

となる。つまり

$$dqdp = dQdP$$

となるのである。

すべての正準変換は、無限小変換の積み重ねであるから、この関係は、一般の正準変換にも適用できる。つまり pq 平面の面積要素は、正準変換によって変化しないのである。あるいは、保存されるということもできる。

これは、一般の位相空間にも容易に拡張でき、位相空間の体積要素は、正準変換によって変化しないということになる。これを**リウビルの定理** (Liouville's theorem) と呼んでいる。

ところで、無限小変換において、時間の微小変位に対応した母関数はハミルトニアンであったが、この場合も同様であり、位相空間の体積要素は時間によって変化しない。単振動の位相空間で説明したように、作用

$$J = \int p dq$$

が保存されるのは、リウビルの定理で説明することができる。

第9章　ハミルトン - ヤコビ方程式

解析力学の利点は、どのような座標系をとっても、その形式が保たれるという点にある。自由度が 1 であれば、位置座標 q と運動量座標 p を選び、自由度が 3 であれば、q_1, q_2, q_3 と p_1, p_2, p_3 とする。そして、これら座標には、直交座標や球座標など、どのような座標系をとってもよいのである。よって、これら座標を広義座標あるいは一般化座標と呼ぶのであった。

例えば、ラグランジュ方程式も、ハミルトンの正準方程式も、どのような座標系に対しても、いっさい形式を変えることなく成立する。その効用については、本書で何度か紹介してきた。

この抽象化が、解析力学の真髄である。前章で取り扱った正準変換も、抽象化の一例であり、正準方程式の形式を保ったまま、変数 p, q が別の変数 P, Q に変換されていくのである。

ここで、正準変換の 4 パターンの変数の式をまとめると

$W_1(q,Q)$ の場合、　$p = \dfrac{\partial W_1}{\partial q}$　　$P = -\dfrac{\partial W_1}{\partial Q}$

$W_2(p,Q)$ の場合、　$q = -\dfrac{\partial W_2}{\partial p}$　　$P = -\dfrac{\partial W_2}{\partial Q}$

$W_3(q,P)$ の場合、　$p = \dfrac{\partial W_3}{\partial q}$　　$Q = \dfrac{\partial W_3}{\partial P}$

$W_4(p,P)$ の場合、　$q = -\dfrac{\partial W_4}{\partial p}$　　$Q = \dfrac{\partial W_4}{\partial P}$

である。ただし、ここで気をつけたいのは、正準変換によって、本来の変数の物理的意味が失われてしまうことがあるという点である。

9. 1.　正準変換と物理

質量 m[kg]の物体が、ばね定数 k [N/m]のもとで単振動する際のハミルトニアンは

$$H = \frac{1}{2m}p^2 + \frac{1}{2}kq^2 (= E)$$

であった。

これに

$$Q = (mk)^{\frac{1}{4}} q \qquad P = (mk)^{-\frac{1}{4}} p$$

という変数変換を施すと

$$\hat{H} = \frac{1}{2}\sqrt{\frac{k}{m}}P^2 + \frac{1}{2}\sqrt{\frac{k}{m}}Q^2 = E$$

となり、さらに、正準方程式

$$\frac{dQ}{dt} = \frac{\partial \hat{H}}{\partial P} \qquad \frac{dP}{dt} = -\frac{\partial \hat{H}}{\partial Q}$$

が、あらたなハミルトニアン $\hat{H}$ と変数 P, Q においても成立する。これが正準変換であった。

ところで

$$Q = (mk)^{-\frac{1}{4}} p \qquad P = (mk)^{\frac{1}{4}} q$$

という変数変換を考えてみよう。実は、この場合も、正準方程式が成立するので、正準変換であることがわかる。

ところが、この変換では、変換前の座標系の運動量 p が新座標系の位置 Q に、そして、位置 q が運動量 P に変換されている。

これをもって、もはや、位置や運動量という物理的概念は高度に抽象化され、物理的意味を失うと解説されることがある。しかし、これはあくまでも数学的な展開であって、もとの p, q には、物理的な意味はあるのである。

ところで、これでは、この変換は何の意味もないように思えるがどうであろうか。確かに、物理的には意味がない。単なる形式的な話である。こ

のような正準変換も多い。

実は、正準変換をうまく利用すると、問題解法が簡単になる場合もあるのである。それが、解析力学の魅力となっている。その例を紹介しよう。

9. 2. $H=0$ となる変換

前節で取り扱った単振動のハミルトニアンは

$$\omega = \sqrt{\frac{k}{m}}$$

と置くと

$$H = \frac{\omega}{2}(p^2 + q^2)$$

となる。ここでは、この形式のハミルトニアンを出発点としたいので、P, Q ではなく、改めて、p, q という変数で示している。

ここで、この系に、つぎの母関数 $W = W(q, Q, t)$ による変数変換 $(p, q) \to (P, Q)$ を施してみよう。

$$W = \frac{q^2 \cos\omega t - 2qQ + Q^2 \cos\omega t}{2\sin\omega t}$$

すると

$$p = \frac{\partial W}{\partial q} = \frac{q\cos\omega t - Q}{\sin\omega t} \qquad P = -\frac{\partial W}{\partial Q} = \frac{q - Q\cos\omega t}{\sin\omega t}$$

整理すると

$$Q = q\cos\omega t - p\sin\omega t \qquad q = Q\cos\omega t + P\sin\omega t$$

Q の式を q の式に代入すると

$$q = Q\cos\omega t + P\sin\omega t = (q\cos\omega t - p\sin\omega t)\cos\omega t + P\sin\omega t$$

$$= q\cos^2\omega t - p\sin\omega t\cos\omega t + P\sin\omega t$$

$$q(1-\cos^2\omega t) = -p\sin\omega t\cos\omega t + P\sin\omega t$$

$$q\sin^2\omega t = -p\sin\omega t\cos\omega t + P\sin\omega t$$

から

$$q\sin\omega t = -p\cos\omega t + P$$

したがって

$$P = p\cos\omega t + q\sin\omega t$$

となる。

結局、変数変換は

$$\begin{cases} P = \ \ p\cos\omega t + q\sin\omega t \\ Q = -p\sin\omega t + q\cos\omega t \end{cases}$$

となる。

実は、この変換は

$$\begin{pmatrix} P \\ Q \end{pmatrix} = \begin{pmatrix} \cos\omega t & \sin\omega t \\ -\sin\omega t & \cos\omega t \end{pmatrix} \begin{pmatrix} p \\ q \end{pmatrix}$$

と表記することができ、原点のまわりのωtの回転となる（図 9-1 参照）。

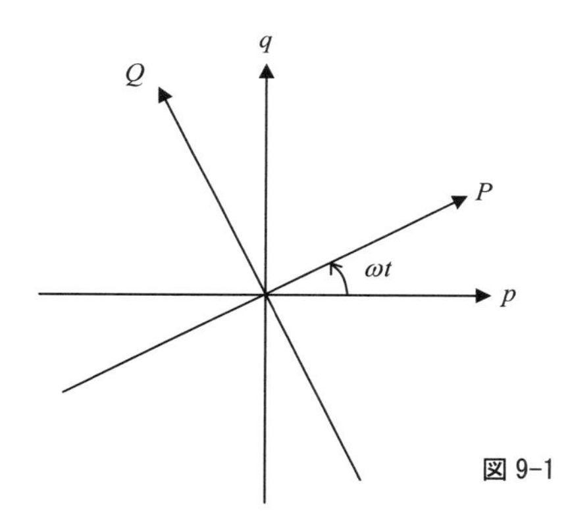

図 9-1

演習 9-1　p, q を P, Q で表現せよ。

解）

$$\begin{cases} P = \ \ p\cos\omega t + q\sin\omega t \\ Q = -p\sin\omega t + q\cos\omega t \end{cases}$$

の上式に $\sin\omega t$、下式に $\cos\omega t$ を乗じると

$$\begin{cases} P\sin\omega t = \ \ p\sin\omega t\cos\omega t + q\sin^2\omega t \\ Q\cos\omega t = -p\sin\omega t\cos\omega t + q\cos^2\omega t \end{cases}$$

辺々を加えれば

$$q = P\sin\omega t + Q\cos\omega t$$

となる。つぎに

先ほどの変換式の上式に cosωt、下式に－sinωt を乗じると

$$\begin{cases} P\cos\omega t = p\cos^2\omega t + q\sin\omega t\cos\omega t \\ -Q\sin\omega t = p\sin^2\omega t + -q\sin\omega t\cos\omega t \end{cases}$$

辺々を加えれば

$$p = P\cos\omega t - Q\sin\omega t$$

となる。まとめると

$$\begin{cases} p = P\cos\omega t - Q\sin\omega t \\ q = P\sin\omega t + Q\cos\omega t \end{cases}$$

となる。

ここで、いま求めた変換の式を

$$H = \frac{\omega}{2}(p^2 + q^2)$$

に代入してみよう。

すると

$$p^2 = (P\cos\omega t - Q\sin\omega t)^2 = P^2\cos^2\omega t - 2PQ\sin\omega t\cos\omega t + Q^2\sin^2\omega t$$

$$q^2 = (P\sin\omega t + Q\cos\omega t)^2 = P^2\sin^2\omega t + 2PQ\sin\omega t\cos\omega t + Q^2\cos^2\omega t$$

であるから

$$H = \frac{\omega}{2}(p^2 + q^2) = \frac{\omega}{2}(P^2 + Q^2)$$

となる。

演習 9-2　母関数 $W = W(q, Q, t)$ を下記の関数とするとき、$\partial W/\partial t$ を計算せよ。

$$W = \frac{q^2\cos\omega t - 2qQ + Q^2\cos\omega t}{2\sin\omega t}$$

解） $\dfrac{\partial W}{\partial t}$

$$=\frac{(q^2\cos\omega t-2qQ+Q^2\cos\omega t)'(2\sin\omega t)-(q^2\cos\omega t-2qQ+Q^2\cos\omega t)(2\omega\cos\omega t)}{(2\sin\omega t)^2}$$

$$=\frac{\omega\{q^2(-\sin\omega t)-Q^2\sin\omega t\}(\sin\omega t)-\omega(q^2\cos\omega t-2qQ+Q^2\cos\omega t)(\cos\omega t)}{2\sin^2\omega t}$$

$$=\frac{-\omega(q^2+Q^2)+2\omega qQ\cos\omega t}{2\sin^2\omega t}$$

となる。

$$q=P\sin\omega t+Q\cos\omega t$$
$$q^2=P^2\sin^2\omega t+2PQ\sin\omega t\cos\omega t+Q^2\cos^2\omega t$$

であったから

$$q^2+Q^2=P^2\sin^2\omega t+2PQ\sin\omega t\cos\omega t+Q^2(1+\cos^2\omega t)$$
$$qQ\cos\omega t=PQ\sin\omega t\cos\omega t+Q^2\cos^2\omega t$$

よって

$$-\omega(q^2+Q^2)=-\omega P^2\sin^2\omega t-2\omega PQ\sin\omega t\cos\omega t-\omega Q^2(1+\cos^2\omega t)$$
$$2\omega qQ\cos\omega t=2\omega PQ\sin\omega t\cos\omega t+2\omega Q^2\cos^2\omega t$$

から

$$-\omega(q^2+Q^2)+2\omega qQ\cos\omega t=-\omega P^2\sin^2\omega t-\omega Q^2(1-\cos^2\omega t)$$
$$=-\omega P^2\sin^2\omega t-\omega Q^2\sin^2\omega t=-\omega(P^2+Q^2)\sin^2\omega t$$

結局

$$\frac{\partial W}{\partial t}=\frac{-\omega(q^2+Q^2)+2\omega qQ\cos\omega t}{2\sin^2\omega t}=\frac{-\omega(P^2+Q^2)\sin^2\omega t}{2\sin^2\omega t}$$
$$=-\frac{\omega}{2}(P^2+Q^2)$$

となる。

ここで、母関数 W による正準変換を考えてみよう。すると

$$\hat{H}=H+\frac{\partial W}{\partial t}=\frac{\omega}{2}(p^2+q^2)-\frac{\omega}{2}(P^2+Q^2)=0$$

となり、なんと、ハミルトニアン $\hat{H}$ が 0 となってしまうのである。

これでは、本来のハミルトニアンの総エネルギーという物理的な意味を失ってしまうように思われるが、どうであろうか。もちろん、新しい変数 P, Q では形式的にそうなるのであるが、前述したように、実際問題に適用する場合には、もとの変数 p, q に戻して解析すればよいだけの話である。

しかし、数学的かつ形式的な変換とはいえ、ハミルトニアンを 0 とすることにどのような意味があるのであろうか。実は、大きな効用があるのである。

それは、新たな正準変数 P, Q とハミルトニアン $\hat{H}$ からなる正準方程式の解がいとも簡単にえられるということである。

すなわち、新たな系での正準方程式は

$$\frac{dP}{dt} = -\frac{\partial \hat{H}}{\partial Q} = 0 \qquad \frac{dQ}{dt} = \frac{\partial \hat{H}}{\partial P} = 0$$

となり、P, Q がいずれも $P=a$ および $Q=b$ のように定数となるからである。したがって、いったん、ハミルトニアンが 0 となる正準変換を施せば、解が定数となり、簡単に正準変数 P, Q が求められる。そのうえで、もとの変数 p, q に逆変換すれば

$$\begin{cases} p = P\cos\omega t - Q\sin\omega t = a\cos\omega t - b\sin\omega t \\ q = P\sin\omega t + Q\cos\omega t = a\sin\omega t + b\cos\omega t \end{cases}$$

となり、本来の物理的意味のある解がえられることになる。

したがって、ハミルトニアンが 0 となる正準変換を行って、P, Q を求めたうえで、もとの変数 p, q に逆変換することで、解が簡単にえられるのである。これは、魅力的な手法ではなかろうか。

9.3. ハミルトン-ヤコビの手法

つまり、ハミルトニアンを 0 にする正準変換があれば、その操作の逆変換によって、苦労することなく解を求められることになる。

ただし、残念ながら、事はそう簡単ではないのである。

いまの解法を振り返ってみよう。実は

$$H = \frac{\omega}{2}(p^2 + q^2)$$

という単振動のハミルトニアンに対して

$$W(q,Q,t)=\frac{q^2\cos\omega t-2qQ+Q^2\cos\omega t}{2\sin\omega t}$$

という母関数による正準変換を行えば、ハミルトニアン $\hat{H}$ が 0 となることが、あらかじめわかっていたので問題が簡単化できた。

しかし、一般の問題に本手法を適用するためには、任意のハミルトニアンに対して、このような関係を満足する母関数 $W(q,Q,t)$を求める必要がある。

つまり

$$H(q,p,t)+\frac{\partial W(q,Q,t)}{\partial t}=0$$

という方程式を満足する関数 $W(q, Q, t)$を求める必要がある。これを**ハミルトン-ヤコビの偏微分方程式** (Hamilton-Jacobi's partial differential equation) と呼んでいる。単に、ハミルトン-ヤコビ方程式と呼ぶ場合もある。

一般に、多変数からなる偏微分方程式を解くためには、工夫が必要である。いまの場合、この方程式を解くための条件として

$$p=\frac{\partial W(q,Q,t)}{\partial q} \qquad P=-\frac{\partial W(q,Q,t)}{\partial Q}$$

が、付加される。

さらに、このような関係を満足する $W(q, Q, t)$がえられたならば、$\hat{H}=0$ となるから、(Q, P)に関する正準方程式は

$$\frac{dP}{dt}=-\frac{\partial\hat{H}}{\partial Q}=0 \qquad \frac{dQ}{dt}=\frac{\partial\hat{H}}{\partial P}=0$$

となり、Q, P ともに、$Q=\alpha, P=\beta$ のように定数となる。これは、すでに説明した通りである。

ここで

$$p=\frac{\partial W(q,Q,t)}{\partial q}=\frac{\partial W(q,\alpha,t)}{\partial q}$$

という関係にあるので、ハミルトン-ヤコビ方程式は

$$-\frac{\partial}{\partial t}W(q,\alpha,t)=H\left(q,\frac{\partial W(q,\alpha,t)}{\partial q},t\right)$$

となり、p という変数を減らすことができる。また、$Q=\alpha$ は定数であるか

ら、Wは、実質的にはqとtの関数となる。

われわれが扱う力学の問題では、エネルギー保存則が成立する場合を想定することが多い。そこで、エネルギー保存則が成立する場合、ハミルトニアンは時間によらず一定となる。これをEと置くと

$$-\frac{\partial}{\partial t}W(q,t)=H\left(q,\frac{\partial W(q,t)}{\partial q}\right)=E$$

となる。

さらに、この偏微分方程式は、ある条件下では簡単に解法できる。例えば、Wの変数分離が可能な場合

$$W(q,t)=S(q)+\theta(t)$$

と置き、上式に代入すると

$$-\frac{\partial\theta(t)}{\partial t}=H\left(q,\frac{\partial S(q)}{\partial q}\right)$$

となる。

ここで、左辺は、tだけの関数であり、右辺はqだけの関数である。tとqは独立な変数であるため、この式が恒等的に成立するためには、両辺が定数でなければならない。もともと、ハミルトニアンの値をEと置いていたので

$$-\frac{\partial\theta(t)}{\partial t}=H\left(q,\frac{\partial S(q)}{\partial q}\right)=E$$

となり、時間依存の項は

$$-\frac{d\theta(t)}{dt}=E$$

のように、常微分に変わるので

$$\theta(t)=-Et+\theta(0)$$

となる。

$\theta(0)$は$\theta(t)$の初期値で定数となる。また、物理的にはEは系の全エネルギーとなる。また、$S(q)$を与える式は

$$H\left(q,\frac{\partial S(q)}{\partial q}\right)=E$$

となるので、ハミルトニアンが決まれば、この方程式によって、$S(q)$を求め

る方程式がえられる。

その結果、$S(q)$が求まれば

$$p=\frac{dq}{dt}=\frac{\partial W(q,Q,t)}{\partial q}=\frac{dS(q)}{dq}$$

という関係式を利用して、q すなわち、物体の位置が t の関数として与えられることになる。

結果として、あるハミルトニアン（総エネルギー）が与えられたときの、物体の運動を解析できるのである。

この問題を一般化してみよう。実は、q は広義座標であり、自由度が n の場合には

$$H\left(q_1,q_2,...q_n,\frac{\partial S(q_1,q_2,...,q_n)}{\partial q_1},\frac{\partial S(q_1,q_2,...,q_n)}{\partial q_2},...,\frac{\partial S(q_1,q_2,...,q_n)}{\partial q_n}\right)=E$$

となる。

3 次元の直交座標系では

$$H\left(x,y,z,\frac{\partial S(x,y,z)}{\partial x},\frac{\partial S(x,y,z)}{\partial y},\frac{\partial S(x,y,z)}{\partial z}\right)=E$$

と与えられる。

演習 9-3　重力のある 3 次元空間を運動する質量 m[kg]の物体の運動をハミルトン−ヤコビの偏微分方程式で解析せよ。ただし、重力加速度を g[m/s^2]とする。

解）　z 方向を鉛直方向とすると、ハミルトニアンは

$$H=\frac{{p_x}^2}{2m}+\frac{{p_y}^2}{2m}+\frac{{p_z}^2}{2m}+mgz$$

となる。

ハミルトン−ヤコビの偏微分方程式は

$$-\frac{\partial}{\partial t}W(x,y,z,t)=H\left(x,y,z,\frac{\partial W}{\partial x},\frac{\partial W}{\partial y},\frac{\partial W}{\partial z}\right)$$

であった。対応関係を確認すると

$$p_x = \frac{\partial W}{\partial x} \qquad p_y = \frac{\partial W}{\partial y} \qquad p_z = \frac{\partial W}{\partial z}$$

である。

さらに

$$W(x, y, z, t) = S(x, y, z) + \theta(t)$$

と変数分離できると仮定すると

$$p_x = \frac{\partial S}{\partial x} \qquad p_y = \frac{\partial S}{\partial y} \qquad p_z = \frac{\partial S}{\partial z}$$

となるが、運動には x, y, z 間に相関はないので

$$S(x, y, z) = S_x(x) + S_y(y) + S_z(z)$$

と分離できる。すると

$$p_x = \frac{dS_x}{dx} \qquad p_y = \frac{dS_y}{dy} \qquad p_z = \frac{dS_z}{dz}$$

となり、偏微分ではなくなる。

ここで、ハミルトン-ヤコビの偏微分方程式は

$$-\frac{\partial}{\partial t}W(x, y, z, t) = -\frac{d\theta}{dt}$$

$$H\left(x, y, z, \frac{\partial W}{\partial x}, \frac{\partial W}{\partial y}, \frac{\partial W}{\partial z}\right) = H\left(x, y, z, \frac{\partial S_x}{\partial x}, \frac{\partial S_y}{\partial y}, \frac{\partial S_z}{\partial z}\right) = E$$

として

$$-\frac{d\theta}{dt} = \frac{1}{2m}\left\{\left(\frac{dS_x}{dx}\right)^2 + \left(\frac{dS_y}{dy}\right)^2 + \left(\frac{dS_z}{dz}\right)^2\right\} + mgz = E$$

となる。

これら、異なる変数からなる式が恒等式となるためには、その値は定数でなければならない。したがって

$$-\frac{d\theta}{dt} = E \quad \text{より} \quad \theta = -Et + \theta(0)$$

と与えられる。

ここで、物体にはたらく力は重力だけであり、x 方向と y 方向には力がはたらかないので a, b を定数とすると

$$\frac{dS_x}{dx} = a \quad \text{および} \quad \frac{dS_y}{dy} = b$$

となる。

ここで

$$\frac{1}{2m}\left\{a^2 + b^2 + \left(\frac{dS_z}{dz}\right)^2\right\} + mgz = E$$

より

$$\left(\frac{dS_z}{dz}\right)^2 = 2m(E - mgz) - a^2 - b^2 \quad \text{から} \quad \frac{dS_z}{dz} = \sqrt{2m(E - mgz) - a^2 - b^2}$$

となる。

したがって、x 方向では

$$p_x = m\frac{dx}{dt} = \frac{dS_x}{dx} = a \qquad \text{より} \quad \frac{dx}{dt} = \frac{a}{m} \quad \text{となり} \quad x = \frac{a}{m}t + x_0$$

ただし、x_0 は定数であるが、t=0 における位置である。これは、等速度運動である。

つぎに、y 方向では

$$p_y = m\frac{dy}{dt} = \frac{dS_y}{dy} = b \qquad \text{より} \quad \frac{dy}{dt} = \frac{b}{m} \quad \text{となり} \quad y = \frac{b}{m}t + y_0$$

ただし、y_0 は定数であるが、t=0 における位置である。これも、等速度運動となる。

最後に、z 方向では

$$p_z = m\frac{dz}{dt} = \frac{\partial S_z}{\partial z} = \sqrt{2m(E - mgz) - a^2 - b^2}$$

から

$$\frac{mdz}{\sqrt{2m(E - mgz) - a^2 - b^2}} = dt$$

という変数分離型の微分方程式となる。

両辺を積分すると

$$\int \frac{mdz}{\sqrt{2m(E - mgz) - a^2 - b^2}} = t$$

ここで

$$\int \frac{mdz}{\sqrt{2m(E-mgz)-a^2-b^2}} = \int m\{2m(E-mgz)-a^2-b^2\}^{-\frac{1}{2}}dz$$

$$= -\frac{1}{mg}\sqrt{2m(E-mgz)-a^2-b^2}$$

したがって

$$-\frac{1}{mg}\sqrt{2m(E-mgz)-a^2-b^2} = t$$

両辺を平方して

$$\frac{-2z}{g} + \frac{2mE-(a^2+b^2)}{m^2g^2} = t^2$$

となり

$$z = -\frac{1}{2}gt^2 + \frac{2mE-(a^2+b^2)}{2m^2g}$$

となり、z 方向の負の方向に加速度 g で等加速度運動することとなる。

以上のように、ハミルトン-ヤコビ方程式を用いると、運動を解析することができるのである。本来は、母関数を求め、その上で、q, p を求めるのが常套手段であるが、いまの演習のように、途中の解析過程で解がえられる場合が多い。

そこで、いまの正準変換に対応した母関数を求めておこう。母関数は

$$W(x,y,z,t) = S(x,y,z) + \theta(t) = S_x(x) + S_y(y) + S_z(z) + \theta(t)$$

であった。まず

$$\frac{dS_x}{dx} = a \quad \text{より} \quad S_x = ax \qquad\qquad \frac{dS_y}{dy} = b \quad \text{より} \quad S_y = by$$

がえられる。ただし定数項はゼロとしている。

つぎに

$$S_z = \int \sqrt{2m(E-mgz)-a^2-b^2}\,dz$$

から

$$S_z = \frac{1}{3m^2 g}\{2m(E - mgz) - a^2 - b^2\}^{\frac{3}{2}}$$

よって、求める母関数は

$$W(x, y, z, t) = S_x(x) + S_y(y) + S_z(z) + \theta(t)$$

$$= ax + by + \frac{1}{3m^2 g}\{2m(E - mgz) - a^2 - b^2\}^{\frac{3}{2}} - Et + \theta(0)$$

となる。

演習 9-4　つぎの単振動のハミルトニアンに対応した運動を、ハミルトン－ヤコビ方程式を用いて解析せよ。

$$H = \frac{1}{2m}p^2 + \frac{1}{2}m\omega^2 q^2$$

解）　ハミルトン-ヤコビ方程式は

$$H(q, p, t) + \frac{\partial W(q, Q, t)}{\partial t} = 0$$

から

$$\frac{1}{2m}p^2 + \frac{1}{2}m\omega^2 q^2 + \frac{\partial W(q, Q, t)}{\partial t} = 0$$

となる。

あらかじめ、変数変換後は、$Q=\alpha$ および $P=\beta$ のように定数となることがわかっているので

$$W(q, Q, t) = W(q, \alpha, t) = S(q) + \theta(t)$$

と変数分離する。ここで

$$p = \frac{\partial W(q, Q, t)}{\partial q} = \frac{\partial S(q)}{\partial q}$$

という関係にあり

$$\frac{\partial W(q, Q, t)}{\partial t} = \frac{d\theta(t)}{dt}$$

であるので、ハミルトン-ヤコビ方程式は

$$H(q,p,t)+\frac{\partial W(q,Q,t)}{\partial t}=\frac{1}{2m}\left(\frac{\partial S(q)}{\partial q}\right)^2+\frac{1}{2}m\omega^2 q^2+\frac{d\theta(t)}{dt}=0$$

より

$$\frac{1}{2m}\left(\frac{\partial S(q)}{\partial q}\right)^2+\frac{1}{2}m\omega^2 q^2=-\frac{d\theta(t)}{dt}$$

この式の左辺は q だけの関数であり、右辺は t だけの関数であるので、これが恒等的に成立するためには両辺が定数でなければならない。この定数を

$$H(q,p,t)=E$$

とすると

$$\frac{1}{2m}\left(\frac{\partial S(q)}{\partial q}\right)^2+\frac{1}{2}m\omega^2 q^2=E$$

がえられる。よって

$$\frac{\partial S(q)}{\partial q}=\sqrt{2mE-m^2\omega^2 q^2}$$

となる。ここでは、平方根の正のほうを選択している。負を選択した場合でも同様の結果がえられる。

　ところで

$$p=\frac{\partial W(q,Q,t)}{\partial q}=\frac{\partial S(q)}{\partial q}$$

であったので

$$p=m\frac{dq}{dt}=\sqrt{2mE-m^2\omega^2 q^2}$$

となり、変数分離して

$$\frac{mdq}{\sqrt{2mE-m^2\omega^2 q^2}}=dt$$

右辺を積分すると、a を積分定数として

$$\int\frac{mdq}{\sqrt{2mE-m^2\omega^2 q^2}}=t+a$$

となる。左辺の積分は

$$\int \frac{mdq}{\sqrt{2mE - m^2\omega^2 q^2}} = \frac{1}{\omega}\int \frac{dq}{\sqrt{\dfrac{2E}{m\omega^2} - q^2}} = \frac{1}{\omega}\sin^{-1}\left(\sqrt{\frac{m\omega^2}{2E}}q\right)$$

したがって

$$\frac{1}{\omega}\sin^{-1}\left(\sqrt{\frac{m\omega^2}{2E}}q\right) = t + a$$

から

$$\sqrt{\frac{m\omega^2}{2E}}q = \sin\{\omega(t+a)\}$$

となり、結局

$$q = \sqrt{\frac{2E}{m\omega^2}}\sin\{\omega(t+a)\}$$

という解がえられる。

以上のようにハミルトン-ヤコビ方程式によって、ハミルトニアンが与えられたとき、その運動の解析を行うことが可能となる。

9.4. 母関数とラグランジアン

ハミルトン-ヤコビ方程式からえられる母関数 W は q と t の関数である。これは、Q が定数となるからである。

したがって、その全微分は

$$dW(q,t) = \frac{\partial W(q,t)}{\partial q}dq + \frac{\partial W(q,t)}{\partial t}dt$$

となる。よって

$$\frac{dW(q,t)}{dt} = \frac{\partial W(q,t)}{\partial q}\frac{dq}{dt} + \frac{\partial W(q,t)}{\partial t}$$

ここで

$$p = \frac{\partial W(q,t)}{\partial q}$$

であり、ハミルトン-ヤコビ方程式

$$H(q,p,t)+\frac{\partial W(q,t)}{\partial t}=0$$

から

$$\frac{\partial W(q,t)}{\partial t}=-H(q,p,t)$$

であるから

$$\frac{dW(q,t)}{dt}=p\frac{dq}{dt}-H=pq'-H$$

となる。

ハミルトニアンの定義のひとつとして

$$H=pq'-L$$

という式を思い出していただこう。

ここで、H と L を入れ換えれば、右辺はラグランジアンとなることがわかる。したがって

$$\frac{dW(q,t)}{dt}=L$$

という関係にある。

つまり、ハミルトン-ヤコビ方程式によってえられる母関数の時間微分はラグランジアンに対応するのである。

よって、作用積分は

$$\int Ldt=\int\frac{dW}{dt}dt=\int dW=W$$

となり、積分定数という不定性はあるが、なんと、ハミルトン-ヤコビ方程式からえられる母関数 W は作用と同じものなのである。

もちろん、厳密な取り扱いが必要となるが、全体像を捉えるうえでは、上記のような俯瞰は重要である。

解析力学の手法は、抽象性が高く、形式的とはいわれるが、その物理的な意味を考えていくと、このように、実は、底流ではつながっていることが多いのである。

索引

ま行

や行

ら行

わ

著者：村上　雅人（むらかみ　まさと）

1955年，岩手県盛岡市生まれ．東京大学工学部金属材料工学科卒，同大学工学系大学院博士課程修了．工学博士．超電導工学研究所第一および第三研究部長を経て，2003年4月から芝浦工業大学教授．2008年4月同副学長，2011年4月より同学長．

1972年米国カリフォルニア州数学コンテスト準グランプリ，World Congress Superconductivity Award of Excellence，日経BP技術賞，岩手日報文化賞ほか多くの賞を受賞．

著書：『なるほど虚数』『なるほど微積分』『なるほど線形代数』『なるほど量子力学』など「なるほど」シリーズを十数冊のほか，『日本人英語で大丈夫』．編著書に『元素を知る事典』（以上，海鳴社），『はじめてナットク超伝導』（講談社，ブルーバックス），『高温超伝導の材料科学』（内田老鶴圃）など．

なるほど解析力学

2016年 5 月 20 日　第1刷発行
2018年 8 月 10 日　第2刷発行

発行所：㈱海鳴社　http://www.kaimeisha.com/
〒101-0065　東京都千代田区西神田２－４－６
Eメール：kaimei@d8.dion.ne.jp
Tel.：03-3262-1967　Fax：03-3234-3643

発行人：辻　信行
組　版：小林　忍
印刷・製本：シナノ

出版社コード：1097

ISBN 978-4-87525-325-9　落丁・乱丁本はお買い上げの書店でお取替えください